Dealing with the Tough Stuff:
How to achieve results from crucial conversations

用關鍵對話
終結棘手問題

好主管必須具備的能耐，
行為科學家和心理學家給你的10個思考檢查點

Darren Hill、
Alison Hill & Dr Sean Richardson◎著

高子梅◎譯

企畫叢書 FP2256

用關鍵對話終結棘手問題

好主管必須具備的能耐，行為科學家和心理學家給你的
10個思考檢查點

作　　　者　達倫‧希爾（Darren Hill）、艾莉森‧希爾（Alison Hill）、
　　　　　　西恩‧李察森（Sean Richardson）
譯　　　者　高子梅
編 輯 總 監　劉麗真
主　　　編　陳逸瑛
編　　　輯　賴昱廷

發 行 人　涂玉雲
出　　版　臉譜出版
　　　　　城邦文化事業股份有限公司
　　　　　台北市中山區民生東路二段141號5樓
　　　　　電話：886-2-25007696　傳真：886-2-25001952
發　　行　英屬蓋曼群島商家庭傳媒股份有限公司城邦分公司
　　　　　台北市中山區民生東路二段141號11樓
　　　　　客服服務專線：886-2-25007718；25007719
　　　　　24小時傳真專線：886-2-25001990；25001991
　　　　　服務時間：周一至周五上午09:30-12:00；下午13:30-17:00
　　　　　畫撥帳號：19863813　戶名：書虫股份有限公司
　　　　　讀者服務信箱：service@readingclub.com.tw
香港發行所　城邦（香港）出版集團有限公司
　　　　　香港灣仔駱克道193號東超商業中心1樓
　　　　　電話：852-25086231或25086217　傳真：852-25789337
　　　　　E-mail：citehk@hknet.com
馬新發行所　城邦（馬新）出版集團【Cite (M) Sdn. Bhd. (458372U)】
　　　　　11, Jalan 30D/146, Desa Tasik, Sungai Besi,
　　　　　57000 Kuala Lumpur, Malaysia
　　　　　電話：603-90563833　傳真：603-90562833
一 版 一 刷　2013年10月

城邦讀書花園
www.cite.com.tw

ISBN 978-986-235-284-7
翻印必究（Printed in Taiwan）

售價：280元
（本書如有缺頁、破損、倒裝，請寄回更換）

目次

前言

這一切都得從一台印表機開始說起。

蘇向來都把要列印的東西傳送到印表機那裡，但列印完，她不會立刻去拿，可能會晚幾分鐘，甚至幾個小時。她不是故意的——只是被別的事情分了神。然而在我們為這件事定罪之前，不妨先大方坦承：我們也都做過同樣事情。

約翰去拿自己的列印文件時，很不喜歡順道整理前面一個人的東西。誰會喜歡呢？於是有一天他覺得他受夠了，在印表機上面放了一張告示，上頭寫著：

請拿走你列印的文件
留在那裡等別人幫你整理
是很沒禮貌的事

你當然知道接下來會發生什麼。蘇一看見那個告示，就覺得是針對她寫的，她感到很委屈，於是決定以牙還牙。但蘇沒有公然報復，也沒有大聲嚷嚷，只是在心裡暗地抵制約翰在辦公室裡的任何言行。先是從芝麻小事開始——在團隊會議裡，她的意見永遠和約翰相左，而且拒絕參與有約翰加入的專案計畫或工作小組。

　　約翰也不甘示弱地對蘇展開反擊。面對蘇的處處唱反調，約翰在辦公室裡只要遇到有誰願意聽他訴苦，便開始吐槽蘇在工作上的種種缺失和不足。

　　兩人之間的關係迅速降到冰點，戰火一觸即發。

　　很快四年過去了。

　　蘇和約翰所屬的團隊亂成一團。兩人都處於長年不滿的狀態。人才流動率居高不下，士氣和生產力長期低落。混亂凌駕一切。

　　工作團隊的功能不彰到連員工都要求社會心理傷害賠償（這個酷術語是要求休壓力假的好藉口）。如今這個無法正常運作的團隊對組織所造成的損失，預估已經超過一百萬美元。

　　事情怎麼變得這麼離譜。

　　其實應該問的是：誰該為此事負責？

　　最簡單的方法是去怪那個把列印文件丟在原地不管的始作俑者，或者去怪那個在印表機上放告示的人。但冷靜來說，該為這整起事件負責的應該是這個單位的經理，他沒有在一開始好好處理這場必要的關鍵對話。

　　於是有人怒不可遏、人際之間出現張力。當你把兩人以上放在同一處地方，現實就會這麼殘酷。無論這差異是在價值觀、信念、行動、還是期望上，或只是午餐喜歡吃什麼，都能顯出我們的獨一無二，代表我們各有看法。而這些差異尤其會在意見不和或衝突爆發時突顯出來。

　　從損失的角度來看，蘇和約翰的例子顯得誇張了點（光是

生產力就損失了一百萬美元，更別提個人成本的損失），但事實上，這種狀況十分普遍，也許你自己就曾親身經歷過。

我們的工作職場和社會為了省事和逃避，早就放棄必要的直接對話。我們創造出各種系統、程序和政策，好讓長期衝突在層層的官僚系統底下繼續存活，無法透過熱烈的討論迅速解決問題。這套辦法花的成本相當大。但其實只要有一個主管能臨危不亂地帶領大家，這些成本都可以減少甚或去除的。

如果把領導統御放在一個閉聯集上來權衡，一端可能是惡質領導（maligned leadership），你的手下會在背後說你壞話，惡意阻撓或甚至暗中破壞他們自己或你的工作成果。所以這地方不可能有什麼成就。

至於另一端就比較令人嚮往，亦即所謂的均衡領導（aligned leadership），整個工作團隊的思想、態度和行為都趨於一致。

基本上，均衡領導和惡質領導之間的差異就在於兩件事：

- 我們做的決策。
- 我們採取的行動。

當你拿起這本書時，便等於做了很好的決策。

至於你所採取的行動——這麼說好了，當你進入這本書的時候，我們就會在你左右。

二〇一二年二月

達倫、艾莉森和西恩

引言

領導統御是要把眾人的價值和潛力清楚告訴他們，讓他們可以
在自己身上看見這種價值與潛能。

——管理大師史蒂芬·柯維（Stepthen R. Covey）

　　如果你打算坐下來將傑出領導人所應肩負的任務和所應具
備的技巧和能力做個整理，那麼最能引起迴響與共鳴的應當是
領導人建立良性對話的能力。

　　但有趣的是，真正厲害的領導人不是能在友善環境下建立
良性對話，而是能在棘手環境下展開起良性對話。懂得在關鍵
時刻展開關鍵對話的領導人，才是真正值得追隨的領導人。

　　身為領導人或經理人的你，難免都會遇到一些重要但不到
重大程度（less than great）的對話，我們統稱這種對話為「棘
手對話」。棘手對話的定義因人而異。對某些人來說，所謂棘
手對話是找績效不彰的員工討論他的表現；對另一些人來說，
則是和在工作上撈過界的優秀員工好好談一談；也有可能是商
討合約的終止；抑或找辦事不力、剛畢業的菜鳥員工懇談。情
節或許上千種，但共通點是：這些問題都不好處理，有些尤其
棘手。

有影響力的人一定要會處理棘手問題

　　這是一個簡單的事實：不管哪一家組織，真正有影響力的人士都是領導人和經理人。在務實思考工作坊（Pragmatic Thinking，www.pragmaticthinking.com）裡，我們的職務說明寫得很清楚：影響這些有力人士。同業經常看見我們一早從床上跳起來，迫不及待地展開新的一天……因為能和一群工作勤奮、有高度影響力的人士共事，教育他們，監測他們的學習成果，會令人對這份工作充滿熱忱。

　　說到哪個領域會花我們最多時間，而成果又最豐碩？答案是協助這群有影響力的人士處理棘手問題。

　　然而在面對這些令人討厭的必要對話時，這些有影響力的人士的處理能力普遍低落。儘管危機處理能力是是領導人必備的重要技巧之一，但令人驚訝的是，大部分的領導人在這方面都嚴重缺乏訓練。

　　所以如果你也是個有影響力的人士，是工作職場上的領導人或經理人，那麼我們有個好消息要告訴你：我們可以幫助你。我們相信這本書所提到的流程、行動和方法可以徹底改變你對棘手問題的處理能力，讓你日子可以過得輕鬆一點，也讓你的團隊會交出更好的成績給你。我們對自我的期許很高，但這是有理由的：這本書裡的知識都是有效和可信的，曾經在數以千計像你這樣的有力人士身上發揮作用。

成功的基石

老實說，這五十多年來，我們目睹過工作職場裡大大小小的失能狀態，也見過各種尋常或不尋常的衝突場面，有的處理得當，有的一塌糊塗。

我們敢向你保證本書的策略和方法都很管用。事實上，我們敢百分之百保證。因為所有策略元素都經過流程上的測試與考驗，而這種測試流程遠比任何統計分析辦法要來得周全，因為它們曾透過傳統方法實際驗證過。當人們落實了這些策略之後，面對棘手問題時，就顯得得心應手多了。

但如果你漏了一樣就失效了。因為這個結果的可行與否，靠的是一個很基本的信念：相信人性本善。

有趣的是，報紙或電視每天都在質疑這個信念，而有時我們也會遇到行為舉止令我們失望的人。不過人性善良的一面也經常被我們視而不見。所以人性本善這個信念是無可動搖的：就像太陽永遠打東邊出來，西邊落下一樣，這是至真的道理。

只要少了這個信念，你就沒有機會看見你想看見的成果。當正面思想消失時，希望也就跟著落空。

如果你想更有自信地面對和處理棘手處境，這就是你第一個必須堅守的信念，它是指引你方向的永恆北極星。

只有難處理的問題，沒有難相處的人

　　市面上有太多書籍和課程把如何和難相處的人過招當成標題或主題。我們在這裡要鄭重澄清：這本書不會在教你如何和那些難相處的人過招。

　　事實上，我們最不苟同的就是「如何和難相處的人過招」這類標題，更遑論任何與它有關的教育素材和內容。無論是什麼課程或資源，只要把人分類和貼上「難以相處」的標籤，便等於陷讀者於失敗的絕境。你一旦認定某人「難以相處」，自然會遭遇到類似行為。這種貼標籤式的心理作用會產生某種自我設限的心理框架。於是你只看到對方難以相處的一面，猶如一種自我應驗式的預言（self-fulfilling prophecy）。

　　我們選擇的著眼點完全不一樣。我們的想法是：沒有所謂難相處的人，只有令人難以忍受的行為。而且這些行為就算令人難以忍受，也可以被改變，我們會在書中證明給你們看。

善意地巧妙操控

　　有一個老掉牙的迷思是這樣說的：「你不能改變別人，只有他們可以改變自己。」我們認為這是迷思，因為事實上，我們每天都在互相影響，改變彼此的行為。只要我們相偕上街走一遭，就能證明給你看不管在街上遇到誰，僅是微笑示好，便能改變對方的行為。

　　要想更有自信地處理棘手處境，便得先調整自己的行為。典範學習（role modeling）是關鍵的第一步，它能反映出你希望對方會有的行為。

　　此外我們也會探索一些可以矯正旁人行為的方法。這聽起來好像是在操控對方……沒錯，的確如此。

　　不過在我們繼續進行之前，最好先弄清楚操控是什麼意思。「操控」（manipulation）的原意是「用手塑形」。仔細想想，這也的確是我們每天彼此相處的方式。拿今天來說，你一定曾在別人身上下了一些工夫。當你來上班的時候，你會微笑招呼別人。當你坐在辦公桌前、當你在茶水間裡從別人旁邊經過時，都在以某種形式操控對方。當你買下這本書時，毫無疑問地，你已經影響了店員。若是上網訂購，則對其他人造成影響。但首先，我們一定先微笑。

　　除此之外，我們也在用我們的手、我們的思想、我們的言詞和我們的肢體語言塑造別人的行為。所以這是一種操控，只不過「操控」的世俗名聲向來不好。

　　操控和影響這兩者之間的唯一差別就在於背後的意圖。意圖良善的操控是好的。譬如如果我們的目的是讓你我雙贏，這種操控的背後意圖就是良善的。但如果你的意圖是希望別人輸，只讓自己贏，那就走味了。

　　確定自己的意圖是良善的，再加上人性本善的信念，才能走出世俗對操控的負面定義，做出更精準的詮釋——操控是我們用來打造和陶冶他人行為的方法。身為經理人或領導人有責

任去影響和陶冶別人，絕對不能逃避這個重大的責任。

提高你的期望值

棘手處境令我們苦惱，包括情緒上和生理上。它們會害我們夜裡失眠、腸枯思竭、情緒緊繃（反胃、頭痛、肩頸僵硬），進而影響周遭人際關係。棘手處境就是有辦法從你工作的場所跟著你回家，影響你工作以外的世界。它們陰險狡詐，如果不理會它們，或處理得不好，便會開始長期暗中破壞。

我們相信你對本書一定有很高的期許，因為我們知道如果你能很有自信和很有技巧地妥善化解棘手處境，生活品質必能獲得大幅改善。這是一個豪語，也希望我們能為你實現這樣的成果。

在你拿起這本書讀之前，不管對它抱著什麼樣的期許，都請自動提高。請相信書中內容可能徹底改變你對棘手問題的處理方式。如果你不把握住這個難得的機會，恐會錯失足以改變你一生的好東西。

這樣想好了。在你拿起這本書之前，你對棘手問題的處理方法或路線可能就和圖1的方向一樣。

圖1：你現在的路線

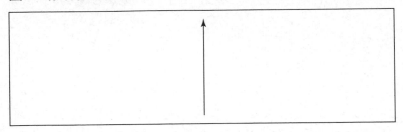

　　假設你從書裡學到一點東西，但又好像不是什麼大不了的東西，只是一點提示或一點技巧可以稍微修正你處理事情的方法，純就今天的角度來看，算不上是什麼太了不得的改變（參考圖2）。

圖2：行為上有了小小的改變之後所形成的路線

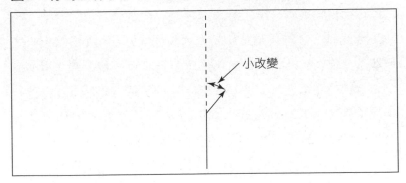

小改變

　　但你開始奉行這套理論，而它又很有效（我們告訴過你它百分之百有效！），於是你繼續使用（參考圖3）。

圖3：聚沙成塔後的豐碩成果

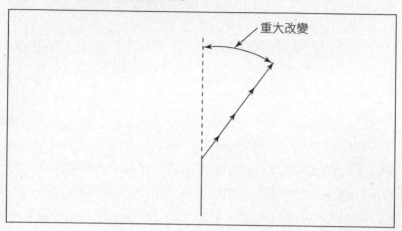

重大改變

　　這段旅程繼續進行，在接下來的幾個月或幾年時間裡，小小的改變成了徹底的改變。

　　你偶爾閒暇時，會不會突然想起以前有過的棘手對話，心裡不免感慨「當時我應該換個方式說才對」，然後這個小小的遺憾一直梗在心裡，久久難忘？你是不是有一種「要是當初換個方式，現在結果可能不一樣」的感覺？試想要是這本書裡有某樣東西能夠讓你有能力去影響某局面，使緊張情勢不再升高，這難道不算是一種足以改變生命的契機嗎？

　　讓我們共同協力除去你自以為有的阻礙，反正你也沒有什麼損失。套句米開朗基羅（Michelangelo）的話：「對我們多數人而言，最大的危機不在於因目標訂太高而達不到，而在於目標訂太低而輕易達到。」

如何善用這本書

我們是一群具有實務經驗的人，所以我們希望你也是這樣看待和利用這本書。此書的設計就是要提供你充沛的資源、資訊和繼續學習的窗口。

要落實改變，關鍵在於每日行事都按照書中的策略。這些策略都很務實，和工作職場有切身關係。若想提升此書的購買價值，改變自身行為，獲得更好的成就，請參考以下建議來擴大學習的範疇。

請上www.toughstuffbook.com網站，你會在這裡找到一系列實用且定期更新的範本、文章和部落格貼文。此外，我們也會定期上傳各種訪談，透過社群媒體展開對話，提供市場調查資訊。

還有一個建議可以幫助你在學習上達到事半功倍的效果：只要讀到重要和實用的策略，或者想親身試用的新點子，都請把它當讀後心得記下來。電子日記也好，紙本日記也好，無論經過多少個禮拜，都別忘了每周一早上花點時間在你的行事曆上加寫一條讀後心得。如果這本書能讓你寫下二十五條讀後心得，便等於連續六個月的周一早上都有讀後心得可提醒你如何調整和塑造自己的行為。

多角度的解析

擁有人類行為專業背景的我們（兩名心理學家、一名行為

科學家，外加我們都是有五歲以下幼兒的父母），對於如何處理工作生涯裡的棘手難題，絕對具有豐富的知識與經驗以及充裕的研究資訊。我們除了提供重要的調查報告、個案研究和知識之外，也會從不同角度提供個人見解。所以每章結尾時，你會看到達倫、艾莉森和西恩從各自不同觀點所做的個人解析。

達倫是從行為經濟學的角度去解析，再將該章資訊與商業環境作連結。達倫熱愛商場上的遊戲。

艾莉森則會考量到有哪些事情可能妨礙你的意圖改變，從而提供方法教你如何利用一些價值觀、驅動力或誘因來去除這些障礙。

昔日曾是運動明星，如今擔任北美和澳洲多家知名運動及企業組織心理顧問的西恩，會告訴你如何將書中學到的重要知識與成功績效連結在一起。

書中之所以提供作者的個人看法，目的是想呈現其他面向的人類行為與互動。相信久而久之，你也可以從這些分析裡發展出屬於你自己的個人看法。

每天一點小勇氣

選擇直接面對工作職場裡的棘手難題，是需要勇氣的。這種勇氣或許不像你想的是背著降落傘從飛機上跳下來或者為了救一個小孩而衝進火場的那種勇氣，而是每天在一些行為上主動提起勇氣，阻止事情的惡化，大聲說出「適可而止」，負起

該負的責任。

　　只要挑定這本書，只要下定決心改變自己面對棘手難題的態度，只要願意相信人性本善，便等於在這場值得一遊的旅程上，踏出勇敢的第一步。

第一章

你的棘手難題是什麼？

找出痛點才能提升關鍵對話的成效

問題不在於「你會管旁人的事情嗎？」

問題在於「你的介入有用嗎？」

——領導統御專家約翰・麥斯威爾（John Maxwell）

領導統御有時候是一份很孤單的工作。當然能帶領屬下和組織邁向成功之路是一件再快意不過的事，但它也有不為人知的一面。有時你會和別人意見不合，衝突便在所難免，而這時也是領導統御最孤單的時候。要處理這方面的棘手問題，實屬不易。

所以絕對值得花點時間去弄清楚你覺得棘手的地方在哪裡——在工作職場上為了求好心切所必須進行的關鍵對話：對你來說，它們棘手的地方在哪裡？

面對棘手的對話，每個人都有自己獨到的辦法、能力和經驗。對某人來說覺得棘手的地方，對另一個人來說不見得棘

手。所以先從個人角度去分析哪些情況對你來說尤其棘手，才能幫忙引導自己在行為上做出有意義的改變。但有一件事很確定：我們無法改變自己不承認的事情。

找出你覺得棘手的地方

若想確定哪些地方值得特別注意，才能提升關鍵對話的成效，請先根據以下問題和回應程度進行自我評估。

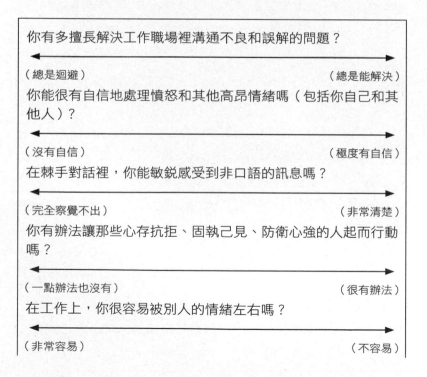

你有多擅長解決工作職場裡溝通不良和誤解的問題？

（總是迴避）　　　　　　　　　　　　　　　　　（總是能解決）

你能很有自信地處理憤怒和其他高昂情緒嗎（包括你自己和其他人）？

（沒有自信）　　　　　　　　　　　　　　　　　（極度有自信）

在棘手對話裡，你能敏銳感受到非口語的訊息嗎？

（完全察覺不出）　　　　　　　　　　　　　　　（非常清楚）

你有辦法讓那些心存抗拒、固執己見、防衛心強的人起而行動嗎？

（一點辦法也沒有）　　　　　　　　　　　　　　（很有辦法）

在工作上，你很容易被別人的情緒左右嗎？

（非常容易）　　　　　　　　　　　　　　　　　（不容易）

在遇到組織重整、冗員裁撤、人員革職時，你能很有自信地與員工進行長期必要的懇談嗎？

←————————————————————————————→

（沒有自信）　　　　　　　　　　　　　　　　　（很有自信）

當危機來臨，幾無機會可以事先規畫，必須迅速做出決定時，你的應變能力好不好？

←————————————————————————————→

（很糟）　　　　　　　　　　　　　　　　　　　（非常好）

　　這七道問題的答案可讓你清楚知道哪種棘手狀況是自己擅長的？又有哪些地方需要特別留意。當你找出需要補強的地方時，或許會有衝動想逃避，因為可能過去就常常在迴避這類問題。我們希望你這次別再不改舊習，應該鼓起勇氣改變你的處理方法。

在弱勢狀態中成長

　　在學習處理棘手難題的過程當中，你會在某個點上看見自己的弱勢。這是必然的，你應該雙手歡迎它，因為它會帶你走上成功之路。處於弱勢狀態才會想冒險、想改變行為，想做「對」的事情，即便面對的是不可知的未來。唯有在弱勢情況下，才不介意被誤會和犯錯，尤其在同行或同事面前。你會靠勇氣去嘗試一些你自認對團隊、組織和顧客來說正確的事情，即便你不確定結果如何。

在《哈佛商業評論》（*Harvard Business Review*）的部落格裡，哈佛商學院（Harvard Business School）管理實務教授湯瑪斯‧狄隆（Thomas J. DeLong）認為，在行為的改變上，弱勢狀態其實扮演了一個重要角色，包括個人層面和組織層面。狄隆繪出一個內含四種結果的矩陣。於是我們把狄隆的矩陣拿來套用在自我改變行為和幫助別人改變行為的個人歷程上（請參考圖 1-1）。

弱勢矩陣是一個簡單的象限模式，提供了四種結果。在左邊欄位，你可能把錯的事情做得很好，或是把錯的事情做得很糟。而在右邊欄位裡，你可以選擇把對的事情做得很好或很糟。

圖 1-1：弱勢矩陣

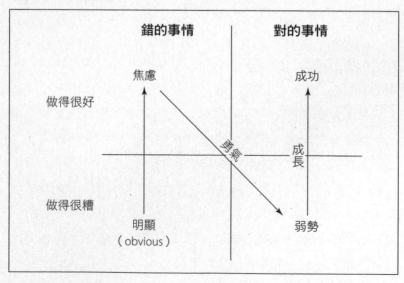

　　你會注意到左下角的象限被貼上「明顯」這個標籤。一般來說，當我們搞砸某件事情，而那件事情對我們來說不是一件對的事情時，就會讓人覺得它明顯需要改變。

　　左上角（把一件錯的事情做得很好）是人類可以長期忍受的事情。它和佛洛依德的理論完全相反，人們不見得會逃離焦慮，反而可以忍受多年。不過雖然我們能態度堅韌地面對焦慮，代價卻是不菲，它會對我們的精神和生理造成很大影響，甚至傷及人際關係。

　　就像多數的象限模式一樣，大部分人都渴望達到右上角的境界，因為把對的事情做好，似乎能獲得不小的成就。這也難怪我們常矢志精通某項技能，必要時就施展出來。但是狄隆說：「要到達那個境界，唯有從右下角的象限爬上來。要把事情做好的唯一方法是，一開始先做不好，除此之外，別無它途。」

　　我們不完全同意狄隆的看法，因為還是有少數成功案例不是先歷經失敗才有所成長。有些人就是可以無往不利，但他們是少數；大多數的人想要致勝，還是得先付出代價，至少先嘗試過幾回錯誤才漸入佳境。

　　弱勢狀態很辛苦，事情做得不好更是存在著風險。最不費力的方式就是重複做你老是在做的事情，不讓自己處於弱勢狀態。但問題是，老是做經常在做的事，只會得到同樣的結果。所以實際改變你重複在做的事情，才是一個比較棘手的決定——試點新的，包括新的方向、新的策略、新的科技、新的態

度或心態，甚至換個地方開小組會議（有時候一點小改變也能製造很大的不同）。跨出改變的第一步是困難的，因為一開始的感覺會很怪、讓人很不自在，甚至自覺處於弱勢。但只有這個決定才能帶你遠離「錯的事情做得很好」，往「對的事情做得很糟」慢慢邁進，進而迎接美好的果實。

不幸的是，在我們的組織裡，大部分的經理人、管理人和領導人都不願意嘗新，因為他們擔心自己看起來傻頭傻腦、猶豫不決、甚至笨拙，因此防衛心大起，怯懦不前。結果呢？他們只肯做自己熟悉的事，不敢冒險、不願開發潛力，不去創新。我們的研究顯示，在乎成就、目標和成果（尤其是短期贏面）的人，鮮少願意接受「對的事情做得很糟」這種結果。但只有接受它，才能進入弱勢這個象限。

你必須承認接受改變會帶來一定程度的焦慮，但你還是必須接受當前的弱勢狀態，不能逃避。如果沒有足夠的勇氣去冒險，便無法進入右下角的象限。但這一切會值得的，因為最終報酬是再往上爬到右上角的象限，得到真正的成長。而這也是我們想進入的戰場。

從「錯的事情做得很好」進入「對的事情做得很糟」，這需要很大的勇氣。在此先祝賀你踏出重要的第一步。

結語

想要有能力處理棘手的難題，就得先弄清楚對你而言，棘

手的地方在哪裡。你必須知道哪些對話是你會逃避的，是你想改善的，你才會清楚下次遇到類似情況時，該如何改變。一旦弄清楚哪些關鍵對話對你來說是棘手的，便要開始學會習於弱勢狀態。因為鼓起勇氣改變自己的行為，是成長和成功的必經之路。

達倫 的見解

冷漠，是我覺得最棘手的地方。我不介意憤怒、淚水或其他高昂的情緒——對於那些情境，我還滿樂在其中的。但遇到不置可否、推拖諉過或按兵不動的態度，就會令我抓狂。

如果可以不用處理態度冷漠的問題，我會覺得輕鬆很多。我可以很輕易地和熱情活潑的人打成一片。但自從我發現學會如何處理棘手問題後，就變得比較懂得解決別人態度冷漠的問題。事實上，同事們都說，冷漠行徑的處理已經成為我的強項之一。每個人都有他逃避不了的棘手問題，但可以藉由技能的補強得到圓滿的結局。

艾莉森 的見解

對我來說，不置可否的談話內容曾是最棘手的對話。當我

弄清楚自己會下意識地避開這類對話時，我才開始鼓起勇氣去
處理它。古代的希臘哲學家蘇格拉底（Socrates）有句名言：
「認清自己。」以我個人和專業經驗來說，我發現越能認清自
己的人，越有機會得到個人的成長與改變。而這一切皆始於
此：先弄清楚對你來說棘手的地方在哪裡，然後鼓起勇氣處理
它。

西恩 的見解

　　每次聽到有人說「我做不到」，我就會被激怒。「我做不
到」是一種全無可能（non-possibility）的心態。我可以處理得
了「我不想做」的說法，但只要有人說「我做不到」，我心裡
就很不舒服，也許是因為它聽起來完全牴觸我的根本主張。我
相信每個人都有潛力，我相信人不能看表面，我相信我們可以
不斷進步。

　　就像達倫一樣，如果可以避開那些老愛把「我做不到」這
句話掛在嘴上的人，只和正面思考的人相處，我想我的生活會
輕鬆很多；但是不行。我選了另一條路，成了心理學家——這
份職業使我必須經常面對那些心態消極的人。

　　不過我熬了過來，因為我正面迎擊我覺得的棘手問題，我
學會了接納和同理心的技巧，運用這本書裡的工具來幫忙改變
那些最耗我心神的人事物。由於我的正面出擊，我發現到我實

踐了自己的目標：對我來説，這世上再無任何事情比得上幫助別人打破自我設限，將心態從「我做不到」轉變成「我做得到」更美好。

本章摘要

- 找出你覺得棘手的關鍵對話，這有助於你釐清思緒，知道哪些地方需要特別留意。

- 你一定會遇到必要的關鍵對話——這是躲不掉的事情。你必須得心應手地處理這些對話，才能保證未來的成功。

- 弱勢意謂就算你不知道結果如何，也敢冒險。意思是就算犯錯也沒關係。具備能力處理棘手問題的意思是，你得讓自己偶爾處於弱勢狀態。

- 千萬記住，沒有十全十美的經理人或領導人——我們都會犯錯。

- 避免因循苟且，追求完美，夠好了就行了。

第二章

對付棘手問題的基本技能

了解人類的三種行為模式

成功既不神奇也不神祕。成功是不斷運用基本原則自然產生的
結果。

——《*Leading an Inspired Life*》作者吉姆・羅恩（Jim Rohn）

身為領導人、管理人或經理人的你，必然會遇到一個任務：
棘手的對話。無論是要你挽救績效、批評工作成效，還是處理
高漲的情緒問題，有些人與事就是棘手的很，躲都躲不掉。

既然躲不掉，就看你怎麼選擇面對。事實上因為它們的無
可避免，於是我們有了以下幾種選擇：

- 消極地視而不見。
- 主動避開。
- 心不甘情不願地面對。
- 擅長處理。

　　如果你打算繼續擔任領導人或待在經理階層，而不是下個月就捲鋪蓋走人，尤其如果你想成為一名有影響力的領導人，我們認為最後一個選擇是目前為止最好的選擇。但從另一方面來看，若是再過幾個禮拜你就要遞出辭呈，前往托斯卡尼（Tuscany）大吃大喝，逍遙過日，那麼前三個選擇或許可以拿來充數。如果每天還是得乖乖上班，選擇真的不多。你必須擅長處理這些棘手的對話，因為簡單來說，你的領導統御資格乃是由你擅不擅長處理這類問題來決定。

　　要精通棘手對話的處理，得靠兩個步驟：

- 更深入了解人類的行為。
- 學會如何矯正和影響別人的行為。

　　這些都是策略和實務背後的基本技巧，但在運用它們之前，得先剖析這其中的原理，了解人類行為背後的成因。

人類行為背後的成因

　　人類行為有時令人咋舌。儘管這世上不乏堅韌、勇敢、有膽識和英雄主義的例子，但也有許多愚蠢、不理性、光怪陸離的行徑。然而所有行徑都有其背景脈絡可循。在我們的日常生活中，難免有被他人行徑嚇到目瞪口呆的時候，那時我們總會反問自己「他們為什麼要這麼做？」或者心想「我不懂他們為什麼能做出這種事？」但其實這都值得我們從更廣的背景脈絡

去探討和理解這些行徑背後的成因。

人類行為的ABC模式

要了解人們行為背後的原因，其實挺費事的，因為這儼然是心理學的起源。雖然人類行為複雜和多樣到令人難以想像，但我們還是可以透過一套簡單有效、被稱之為ABC模式的工具來釐清行為（我們的作為）的構件。

ABC模式可細分各種行為，讓你更透徹了解它們，這就像編輯會把句子拆開，逐字斟酌一樣。如果你研究過心理學或讀過和行為矯正（behavior modification）有關的書，應該已經碰過這種模式。它是回到原點的心理學，但也為正在探索人類行為的我們提供了一個很大的平台去調查還有什麼其他行為正在登場。在處理棘手問題的時候，最重要的是先了解這人行為背後的背景脈絡，以便能更有把握地影響對方的行為。

人類行為的ABC模式（參考圖2-1）分析行為包含了三個元素：

- 前因事件（Antecedents）：個案行為出現之前所發生的事或當時的環境刺激。
- 行為本身（Behaviour）：當事人的作為或當下直接觀察到的結果。
- 後果事件（Consequence）：該行為過後所發生的事和該行為所導致的結果。

圖2-1：行為的ABC模式

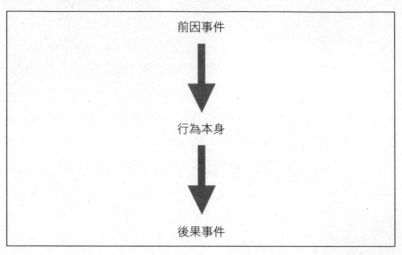

　　前因事件只是為「先前發生的事」冠上一個花俏的名稱而已。它的意思是行為發生之前所身處的環境或碰到的因素。然後行為出現了，後果因此衍生。舉例來說，感覺疲累是睡著的前因事件，睡著是行為本身，第二天覺得精力充沛是睡著的後果事件。再進一步地說，精力充沛可能成為你在新客戶面前提案有力（行為本身）的前因事件，而結果就是拿到一筆新訂單（後果事件）。所以一個行為的後果事件可能成為未來行為的前因事件：於是行為不停更迭，形成一種不斷進行的模式。

　　了解這個模式對經理人來說很重要，因為你運用在工作職場上的後果事件，可以精準預測某個人會不會繼續出現某特定行為。

　　事實上，ABC模式要表達的是，要影響行為（你自己的行為或旁人的行為），就得先改變這三種要素之一，後面的結果自然受到影響。

　　表2-1顯示出經理人如何靠影響行為來得到不同的結果。

表2-1：舉例說明經理人如何影響前因事件、行為本身和後果事件

	先前發生的事	如何改變這件事
前因事件	一大早兩個小組成員在爭吵。	在爭執的當下就介入，立刻尋求解決的對策。
行為本身	他們在小組會議裡冷戰，互不交談。	利用有技巧的探詢方式確保雙方在會議上都有貢獻，藉此打破僵局。
後果事件	因為無法再繼續合作下去，他們共事的專案計畫呈現停擺，其他人都在抱怨。	找兩名組員懇談，找出解決的方法。召集其他成員，確保他們會在專案計畫上全力以赴。

　　唯有先了解前因事件（行為之前所發生的事）和後果事件（行為之後產生的事）才會明白為什麼有些人會出現某些行徑，更重要的是，為何一再出現同樣行徑。前因事件和後果事件為行為的出現提供了極為重要的可循脈絡。

　　讓我們看一個例子，有人在派對上喝醉酒。有哪些可能的前因事件造成這種行為？是什麼原因使得這個人在派對上喝醉酒？

　　可能的原因包括，他們在參加派對之前沒先吃點東西墊墊

胃，或者他們靠喝酒來掩飾害羞的本性，抑或他們很憤怒或很沮喪才喝多了酒。也有可能是因為社交性的前因事件，譬如同儕壓力，或單純的酗酒問題。此外也可能是因為這些事件同時發生。所以這位喝醉酒的當事者，或許是個生性害羞的人，感受到同儕的壓力，事前又沒先吃點東西，然後多喝了幾杯，所有因素加總一起。

重要的是，任何行為的發生經常都是很多前因加總的結果。

現在來看看這個行為的可能幾種後果。

後果可能是當事者頭痛或受傷，抑或做出什麼令自己出糗的事，或者是以上所有的總和。這有點像電影《醉後大丈夫》（*The Hangover*），因酒醉行為而引發的諸多後果：一場相當於九點五級地震的宿醉，完全不記得前晚的事，身上多了一個倒楣的刺青、浴室裡出現拳王泰森的老虎！

如同前因事件一樣，任何行為也都常造成多重後果。

前因事件的探索

身為工作職場上的經理人或領導人，有時難免得去改變別人的行為，譬如增加工作量；加重專案計畫的責任；或甚至只是簡單到要求屬下在櫃台前多笑臉迎人。以經理人的身分指導行為，對你來說責無旁貸。

能不能成功改變或矯正一個人的行為，這和你對這個行為本身的前因結構是否了解有直接關係。你也許可以集思廣益地想出幾種辦法讓櫃台人員笑臉迎人，但如果始終沒弄懂櫃台人

員笑不出來的原因（前因事件），這些辦法恐怕永遠無法奏效。

　　假設任何一種行為都有多重的前因事件，我們先來看一個個案，了解何以可以從前因事件的釐清來找出問題的對策。

個案研究：塔莉和瑞克斯

　　塔莉是瑞克斯的主管。雖然瑞克斯平時很有生產力，對團隊來說貢獻良多，但近來有點失常。過去一個月來，經常遲到，甚至早退，對工作顯得意興闌珊，對專案計畫也不再主動積極。這不是瑞克斯平常的作風。塔莉把他請進辦公室，以專業的態度告訴他，由於他目前的工作「沒有達到該有的水準」，所以需要改善兩個地方，第一是準時上班，第二是按時間表完成工作。

　　瑞克斯靜靜聽塔莉說完，承認自己不像以前那樣積極主動。他接受塔莉的指教，承諾盡力改善，然後就走出去。塔莉從他的肢體語言裡感覺得到他的承諾並不可靠（包括他望著地板的樣子，轉身離開的態度）。結果她擔心的事情真的發生了，瑞克斯隔天沒來上班，打電話來請了病假。

　　後來塔莉私下和瑞克斯要好的同事戴比聊過之後，才知道瑞克斯一直飽受憂鬱症之苦，正在接受藥物治療，情緒時好時壞。

留意失常的地方

　　除非有什麼事情起了變化，否則人不會輕易改變行為。以下這句話是本書中最值得記取的訓誡之一：如果一個人的行為出現改變，一定是因為它的前因事件有了改變。

　　簡單的說：如果你注意到誰的行為有了改變，那麼一定是被某件事情引起的。

　　所以重點來了：你越清楚改變背後的驅動因子，便越知道自己該如何策動和影響行為的改變。

　　在這個個案研究裡，塔莉直接指出瑞克斯的行為不當。這作法固然令人激賞，但也許可以改用更好的策略，或至少先查出瑞克斯最近行為表現的前因事件，這對問題的解決會比較有幫助。譬如你可以先單刀直入地說：「瑞克斯，我注意到你最近的工作表現不如以往，是不是有什麼原因害你沒辦法像以前一樣準時上班？對專案計畫意興闌珊？」

　　這種問法猶如為瑞克斯開了一扇門，請他分享是什麼前因事件造成行為的改變。你不見得能得到答案，但多半可以。但如果只是直搗行為，卻不先探究行為的前因事件（就像塔莉一開始的作法），便等於把自己鎖進一個和前因事件完全搭不上線的行為改變策略裡。

　　你得先考慮當事者在生活上有沒有其他的異常，才能從更寬闊的脈絡去了解他們的行為。概括來說，所謂行為的矯正就是利用特定技巧去增加或減少某種行為。

　　對一個懂得管理的經理人來說，有一點很重要，那就是你

要能認清和察覺得到自己運用的策略是什麼。你也許正在影響和矯正旁人的行為，但你可能不清楚自己用的是什麼策略。因此就算這個策略管用，你也不知道如何重複使用它，抑或若是不管用，又該如何改變策略。重要的是你必須學會如何以最有效的方法，技巧性地影響屬下的行為。

有兩種策略廣為運用在人類行為的矯正上：

- 強化。
- 懲罰。

儘管很多人都懂這兩個字眼，卻鮮少有人明白最適合使用它們的時機和背景。

何謂懲罰和強化？

大部分人都把「強化」和「懲罰」跟好或壞、正面或負面聯想在一起。這些常見的社會定義，但不見得是正確的定義。

這有點類似我們對「外向」和「內向」的誤解。大部分的人都以為外向者一定很吵，是派對上的核心人物，總是被一群人圍繞，會玩到有點過火；至於內向者則是安靜又靦腆的書呆子，喜歡坐在角落做自己的事，經常離群索居──這是社會所定義的外向者和內向者。但其實當年心理分析創始者榮格（Carl Jung）在推廣這兩個字眼時所用的定義和我們的能量來源有關。外向者的能量來自於他們的周遭世界，包括人、嗜好、事物、其他興趣等等。內向者的能源則來自於他們內心的

想法和觀念。所以真正的定義與社會定義明顯不同。

　　再回到強化和懲罰的主題上。這兩者沒有好壞之別，也沒有正面和負面之分。只是代表增加某種行為的發生機率（強化）或減少甚或去除某種行為的發生機率（懲罰）而已。它們無所謂好壞，也無須評價，只是「多一點」或「少一點」的意思而已。

強化有兩種

　　強化有兩種形式：正面強化和負面強化。正面和負面也無好壞之分，只是增添和減少的意思——在環境背景裡增添或去除某樣因素，以便提升某種行為的發生機率。

正面強化

　　我們先從比較常見的術語開始說起：正面強化。然後再看一下裡頭的元素。

- 「正面」的意思是在情境裡增添某些元素。
- 「強化」的意思是提升所欲行為的發生機率。

　　簡單的說，**正面強化策略是在一個等式裡添加其他元素，以期看見所欲行為的發生。**

　　所以對哺乳動物來說，什麼是最常見又堪稱最好的正面強化方法？沒錯，你說對了，是讚美（恭喜你！）。

　　讚美對人類和哺乳動物來說效果驚人。如果你有養狗，你

會懂這話的意思。你的狗狗為了得到讚美，就算餓肚子都肯。人類也一樣。在不懂讚美的沙漠裡，我們只能飲沙止渴——這個驅動力對我們來說非常重要。

其他常見的正面強化劑還包括食物、獎勵、金錢、禮物、責任、殷勤——為了想看見更多的所欲行為，幾乎任何元素都可以被你添加上去。

史丹福的研究專家卡蘿‧德威克（Carol Dweck）二十年來針對各種形式的讚美做過許多研究，她提醒我們，讚美不只是件善行，長期下來的效果更是可觀，甚至能製造出更大的成功機會。德威克和她的同事提出一種他們稱之為「努力效應」（effort effect）的原理——不斷讚美當事者的正確行為和他的努力不懈，而不是去讚美對方與生俱來的能力、才智或天分。

說到堅持不懈，那些因努力不懈而受到讚美的人會相信全力以赴才是成功的關鍵要素，於是把失敗視為一種學習的經驗。至於那些因天生能力受到讚美的人，只相信聰明才智才是成功的關鍵要素，因此一遇到失敗就想放棄。所以讚美別人時，不要只讚美成果，也要讚美他們努力的過程，這樣一來，他們才會堅持下去，熬過層層阻礙。

簡而言之，比較有效的方法是正面強化當事者可以自行控制的行為，而不是去讚美非他們所能控制的天生能力。在專業運動場上，我們早就學會，如果你不定期強化你想在場上看見的行為，搞不好比賽還沒開始，就可以提前去祝賀別隊的勝利了。要確保自己的隊伍獲勝，就得定期強化。

負面強化

負面強化比較少見，但也是有效的方法，在工作職場上經常見到。同樣的，我們也先把負面強化這兩個字眼分開解釋，以確保正確的定義：

- 「負面」的意思是為該情境除去某些元素。
- 「強化」指的是提升所欲行為的發生機率。

所以**負面強化就是除去某些元素，以期看見更多的所欲行為**。負面強化比正面強化少見，但一樣效果十足。

如果你的組織裡有剛畢業的菜鳥、實習生或學徒，就會看見負面強化的作用。因為當他們剛實習完畢或者剛熬成師傅時，似乎只要試用期一過，便給人煥然一新的感覺，個個蓄勢待發、充滿自信地準備展開新生活。

這就是移除某樣元素（試用期），見到更多所欲行為（自主能力或責任的承擔）的例子。有的組織會除去固定工時，改以彈性工時，因為有些人在一天當中的某段時間工作效率最好（譬如有家累的人）。這是另一種藉由去除某樣元素來提升成效的方法。去除固定工時，不僅能增加生產力，也會提振工作士氣。

兩種懲罰

懲罰的目的是希望少看見或不再看見某種行為。同樣的，我們也有正面懲罰和負面懲罰，而且正面和負面也都各自代表

某樣元素的增添或去除。

正面懲罰

　　正面懲罰聽起來有點怪，是不是？因為它聽起來並不符社會定義——好與壞似乎不能並存。可是同樣的，如果個別看這兩個字眼，定義就會明確多了。

- 「正面」的意思是為該情境增添某些元素。
- 「懲罰」指的是降低或去除所欲行為的發生機率。

　　正面懲罰這字眼聽起來很怪，卻是領導人每日的例行工作之一。你可能每天都用得上它。

　　傳統的正面懲罰是用批評的方式：「這主意不錯，加百利，可是如果我們可以把那些拼錯還有排印錯誤的字抓出來，那就更棒了。」

　　所以**正面懲罰是靠增添某樣元素（評論）來減少某種行為（錯誤）**。身為經理人或管理者，經常使用正面懲罰。它絕對不像「懲罰」這個字眼的暗示意義那樣是對做錯事的人做出道德上的批判。

負面懲罰

　　在基本行為矯正策略裡，負面懲罰是最後一個領域：

- 「負面」的意思是為該情境去除某些元素。

●「懲罰」指的是降低或去除所欲行為的發生機率。

在工作職場上，負面懲罰通常事態嚴重。**當我們希望降低某件事情的發生機率時，會刻意拿走某些元素，於是有了負面懲罰。**可能是拿走責任或薪水，或甚至開除某人。這是工作職場上最終極的負面懲罰方式：我們不想再看見那件行為的發生，於是革除那人。這是確保那件行為不再出現的終極辦法。

頭腦要清楚

大部分的人都是漫不經心地使用這些策略，他們往往不知道自己是在什麼時候或什麼情況下使用。我們常見到正在接受輔導的執行主管出現這樣的說法：「我真是搞不懂，我不過是找喬安坐下來，告訴她我希望她能準時出席小組會議，不准再遲到。如果她繼續遲到，後果請自負。」這種時候，我們通常會偷笑，因為我們知道接下來會發生什麼。

「然後她下次會議就出現了，坐在那裡板著一張臉。反正就坐著，什麼事也不幹。真是讓人受不了！」

我們的答覆是什麼？「這不是如你所願嗎？！」

當你要求她某種行為「少一點」（遲到）時，也會順便讓其他行為（譬如對會議的貢獻）跟著「少一點」，得等到你開始強化那個行為，她的其他行為才會跟著「多一點」。

附帶效果

我們最喜歡說的一句話是：「水漲船高。」這句話的意思是指在強化或懲罰下所發生的效應。如果我們使用強化劑，自然也會看見其他行為的發生機率跟著一起提升。所以如果你的工作成效不錯，而身為老闆的我用正面強化行為的方式對你說：「哇！做得太棒了！」我就會看見其他行為的發生頻率也跟著增加。

但如果我對別人說：「這件事做得不夠好，老實說，這不是我們要的東西，你下次可不可以不要再犯這種錯？」那就很可能看見這位員工各方面的工作表現都一落千丈。

小心策略的使用，因為它影響的不單單是那個行為，也包括其他行為。拿那位執行主管與喬安的對話來說，與其要求「少一點」，倒不如要求「多一點」，效果或許還比較好。與其譴責她遲到（正面懲罰），倒不如把下次會議的第一個議程交給喬安娜來負責（她就得準時到場開會），等她完成交付的任務，再透過讚美（正面強化）來強化那件行為。

慎選主要策略

我們認為一個績效高的工作職場，其強化和懲罰的比例應該維持在九十比十。你現在使用的比例是多少？在你的工作職場上，所用的比例又是多少？

或許你會針對不同層面來評估：有些團隊可能八十比二

十，有些偏向五十比五十，還有些偏向二十比八十。這些比例
都得符合你的目的。我們之所以建議九十比十是因為這類工作
職場會要求人們在工作上要更賣力、更有效率和更精明。而這
些都屬於行為的「多一點」：多一點效率、多一點創新、多一
點生產力，因此首要策略是強化而非懲罰。

　　但在某些工作場所裡，這些比例是反過來的——雖然得付
出代價。舉例來說，一位新的經理人走進「零傷害」（zero
harm）的工作場所，這裡絕不容忍任何危險作業。若有人以不
當或可能招致危險的態度進行作業，他就得立刻消除這種行
為。但是以懲罰作為首要策略，生產力勢必滑落，其他行為的
發生機率也會全面下滑。這也是為什麼現在有許多職場都是利
用行為安全模式計畫在落實安全作業，這種方法側重的是當事
者選擇安全或危險行動時的思考過程。簡而言之，不會因為要
求安全而造成生產力或產出量滑落的工作場所，才可能把懲罰
當成首要策略來落實。

　　同樣的，如果你把強化當主要策略，其他行為的發生機率
也會上揚，其中甚至包括愛開玩笑、敢冒更多風險或其他類似
行為。你應該看過有人在公司裡步步高升，功成名就——他們
的行為不斷受到強化——結果就突然撈過界了。譬如，他們自
行訂定策略，在沒有請示主管的情況下，逕行發出電子郵件詔
告天下。所以首要策略的運用一定要小心，要有心理準備，等
著處理後面衍生的可能附帶行為。

確保發揮最大效益

光是弄懂工作職場上被拿來當成行為矯正策略的強化和懲罰手法是如何運作，這樣還不夠，也得確保這些策略的運用能發揮最大效益。「最大」和「效益」這兩個字眼有意思的地方就在於它們有一套完美的操作守則。強化手段該如何運用，其時程安排就像圖2-2所示。

圖2-2：強化作業的時程安排

這裡頭看起來好像沒有什麼模式。沒錯！強化要發揮最大作用，就得靠它的不定時出現和無法預測。一旦強化作業的時程可以預測，便開始失去它的激勵效果。

拿吃角子老虎為例。它們為什麼這麼賺錢？為什麼在俱樂部或酒吧裡有這麼多人往吃角子老虎投錢？因為它的中獎機率或者說強化模式是不定時出現的。之所以有這麼多人喜歡玩吃角子老虎，就是因為玩的人完全不知道這台機器什麼時候會吐錢出來，也不知道會吐出多少錢。大多數的嗜賭者都曾嚐過一兩次贏錢的甜頭，於是以為可以弄懂這裡頭的遊戲規則。他們

會坐在旁邊看其他人手氣很背地被吃角子老虎磨光所有精力，等到對方一離開，立刻像美洲豹一樣撲上那台機器。

從吃角子老虎轉到工作職場——如果你想讓你的強化手段運作良好，在時間上就別按牌理出牌。聖誕節發放的獎金根本不算是好的強化劑，這種說法和一般的認知完全不同。第一年算是強化劑，但之後就落入一種可預期的模式。獎金式的績效評鑑也一樣：它們不算是有效的激勵元素，因為整個過程太容易預測。這也是為什麼我們不想用單純的金錢誘因，因為它已經成了一種可以預期的元素，而非強化劑。

要管理和領導他人，讚美是最好的朋友。舉例來說，艾倫花了六個月時間才快完成他的專案計畫，這時候千萬不要只對他說：「嘿，做得好，艾倫。」然後就走開。他會想：「啊？就這樣？」反觀只花了六分鐘完成試算表的裘依，絕對不會期待有人對他說：「大家聽我說！你們看裘依完成了什麼！他實在太棒了！」讚美一定要實至名歸，才符合有效的模式。對艾倫的讚美一定要用高度推崇的方式！包括提名他角逐某公開獎項，或者親筆寫信感激他對工作的付出。要記住，雖然只是小動作，卻能發揮很大的影響力。由於情況各異，所以基本原則是隨著成就大小，調整讚美的比重。

獎勵不按牌理出牌才有效

要達到最好的效果，強化劑的運用一定要隨機，如果保持慣性，便會降低它的效果。

　　假設你被任命為某中型組織的執行長，而在你之前的執行長是個暴君型人物，員工若在走廊裡聽見他的腳步聲，會嚇到噤聲。有點像電影《穿著 Prada 的惡魔》（*A Devil Wears Prada*）裡的那種老闆。

　　於是身為新任執行長的你告訴自己，你不會像以前那個恐怖的執行長──這是新上任的你對自己的第一個要求。於是禮拜一第一天下班的時候，你走到開放式的辦公室對著大家說：「謝謝大家！和你們工作了一整天，感覺很棒，今天績效不錯。明天見囉。」說完你就走了。

　　於是大家都在想：「哇，這位執行長人真好，不像以前那個惡魔執行長。」

　　到了禮拜二下班時，你又走出來說：「好了，我們要下班了，再次謝謝大家，我們今天的表現不錯，這禮拜真是個好的開始。明天見囉。」

　　你覺得這種強化劑到了禮拜五會出現什麼變化？它會變成一種招呼方式，效力大不如前，因為它太慣性了。所以你的強化不能出現慣性，但你的懲罰要有慣性。

懲罰要固定不能有例外

　　誠如你在圖 2-3 所見，懲罰作業的模式有它的慣性時間，而且不能很複雜。

圖 2-3：懲罰作業的慣性時間

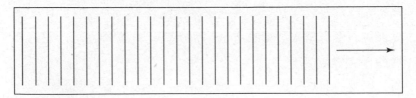

懲罰的運用策略要奏效，就得有一貫的模式。有效的懲罰策略，其首要原則是在施行上必須：

- 講究時效。
- 沒有例外。
- 永久有效。

因為只要這種慣性模式變成非一貫模式，反而會成為很有效的強化劑，失去了原有的效果。等於實際強化了我們一心想要避免的行為。

在懲罰策略上，你們當中或許有人繼承了前人留下來的一些爛攤子，他們一開始採用懲罰手段，後來無故捨棄或暫時收手，過一陣子又開始使用。這樣走走停停了十幾回之後，你會看見抗拒改變的行為開始出現，因為它已經被強化了很長一段時間。

所以懲罰其實是很難貫徹始終的。做父母的都知道，要耐著性子把他們不想見到的行為從頭糾正到尾有多難。簡直會讓人累死！

　　在工作職場上也一樣：如果你打算使用懲罰策略，就請始終如一。這很難，但是如果你不貫徹到底，只會讓那些你希望少出現的行為變本加厲。尤其在公領域和大型企業，以及以策略為主的工作職場上，要是懲罰沒有一貫性，毫無章法可言，便得花好多年的時間來彌補它所造成的傷害。欲知更多這方面的詳情，請上 www.toughstuffbook.com，我們有一支名為〈爛攤子〉（*Inheriting Failed Punishment*）的影片，可以為你進一步解說。

　　雖然我們認為只要運用得當，懲罰的成效奇佳，但我們也知道拿懲罰來當策略，是一份吃力的工作，不僅很費心力，也容易流失資源。所以我們建議另一種策略，完全捨棄懲罰手法：擇一性的行為（competing behaviours）。

擇一性的行為

　　所謂擇一性的行為是指我們從事的所欲行為和不當行為無法相容，在這種情況下，後者就被覆蓋掉了。

　　假設你是個菸槍，你決定今年戒菸，於是你去找醫生，跟他說：「我真的很想戒菸，有什麼最好的戒菸方法？」醫生給你的第一個建議是什麼？多多運動。為什麼？因為這是很傳統的擇一性的行為。你不可能一邊慢跑一邊抽菸吧。假如你可以，那麼聰明的醫生會建議你去游泳。你總不能一邊抽菸一邊游泳吧？要是可以，那就太跌破眼鏡了，不是嗎？

在工作職場上的例子可能是，有人老是在文法和拼字上犯錯。當然你可以直接採用懲罰手段來降低錯誤的發生，再不然也可以借助某種擇一性的行為。

所欲行為是要這個人落實複核系統，也就是先把文件印出來看一遍（工作認真），再交給同事校閱（與人合作），然後再交出去。

與其懲罰，我們不如使用所欲行為來對抗不當行為，進而取代它。以這例子來說，如果這位員工工作認真、願意與人合作（所欲行為），就算文法和拼字上有犯錯（不當行為），也會少很多。

所以與其懲罰那個行為，倒不如借助你希望那人會有的行為（所欲行為）來和那個不當的行為抗衡。

有意義的工作

強化、懲罰和擇一性的行為的運用，是影響行為改變的三大法則。只要選對時機、運用得當，它們的成效都很好，只是如果當事者對眼前的工作不再覺得有意義，這些法則就一點也使不上力了。當然如果是工廠的環境，這些方法或許還能適用，但如果你要求的是更高層級的目標，譬如員工的橫向思考能力、解決問題的能力和創新的能力，那麼就得先確定他們對自己的工作具有一定的理想和熱忱，這一點非常重要。

認定工作有意義的員工，一定會把事情做好。這一點毋庸

置疑。全球暢銷書作者兼《紐約客》（*New Yorker*）雜誌特約作家馬康・葛拉威爾（Malcolm Gladwell）曾說，要創造出有意義的工作，得靠三件事情（參考圖2-4）：

- 複雜：工作必須有一定的複雜度，才會覺得有挑戰性。
- 自主：每個人都需要空間讓他們照自己的方式完成必要的工作。
- 努力就有報酬：如果夠努力，就會得到相當的報酬嗎？這中間的關係夠清楚和透明嗎？

圖2-4：需要這三個元素才能創造出有意義的工作

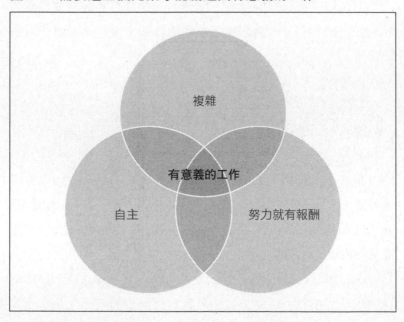

順道一提的是，根據公司獲利多寡（而不是看付出的努力有多少）而預定發放的年度獎金，無法為工作本身創造出任何意義。這種獎金很快會變成一種可以預期的東西，而非報酬。

結語

偉大的領導人會不斷自我開發與成長。棘手問題的解決與面對能力，和你的所學、成長及自我開發有直接關係。弄清楚旁人行為背後的原因，並且了解當棘手問題發生時，該從何處著手，這些都是最基本的要求。

但別忘了把重點擺在最終目標上，你的行為矯正策略必須能配合它們。只要你清楚方向在哪裡，接下來的必要步驟就會簡單多了。

達倫 的見解

對經理人來說，了解人類行為是一種核心競爭力，而非事後聰明。在任何一家組織裡，有影響力的人都是第一線的經理人，然而要發揮最大的影響力（藉由掌握眾人的行為方式來發揮影響力），通常得從最受人忽略的地方著手。

令人困惑的是，現在的組織鮮少花時間去建立以人為本的管理和領導技能。最近美國的勞動力統計資料顯示，百分之八

十以上的勞動市場都屬於服務業，但是企業組織卻一直在提倡和獎勵科技方面的長才，忽略以人為本的技能。我們仍然遵循著製造業的方式在培育領導人，卻要求員工以人為本，成為顧客服務的高手。這中間存在著很大的落差，需要好好修補。

艾莉森 的見解

　　每個人行事作為的背後理由都有一個極為複雜的網絡。但遇事逃避，或者將解決不了的緊張情勢或衝突問題一壓就是多年，這都只會讓原來的棘手問題變得更棘手，而且得付出更高的代價，包括生產力喪失、士氣低落、心生不滿、疏離感的產生……等。

　　如果你的健康也因此付出代價，這問題便不能等閒視之。壓力所帶來的生理失調、沮喪、焦慮和睡眠不足……經常出現在我們客戶身上，因為他們都在工作職場上面臨到解決不了的問題。我們該如何藉助治療來解決這些問題呢？當然得靠我們在本章裡所談到的人類行為探索方法。如果你在工作職場上有無法解決的衝突或壓力問題，請再好好複習一遍本章內容。它絕對有助於你的身心健康。

西恩 的見解

　　這套可以深入探索人類行為背後驅動因子的原理來自於ABC模式，它非常簡單，但也非常重要——經常在棘手對話裡受到忽略。有太多人只想看到結果，卻不肯多花點時間或精力去深入探索。

　　退一步，花點時間好好探索某棘手對話背後的複雜原因。了解它的前因事件，視情況施以最有效的強化或懲罰策略，而不是便宜行事地逃避對話或直接發飆。

　　了解人性所在，改變自身行為，這些難免都會踢到鐵板——而我們的大腦為求生存，即便較遠的那條路才可能有好的結果，仍會決定取道捷徑。這是一種只求安全行事的本能，目的是確保你在飽受威脅的世界裡可以生存下去。所以如果你想解決棘手問題，便得先克服這種求生本能。

本章摘要

🗨 人類行為的 ABC 模式可以讓我們透過前因事件（先前的事）、行為本身（正在發生的事）和後果事件（後續的事）去了解人們行為的背後原因。

🗨 行為矯正裡的兩個重要策略是懲罰和強化。懲罰是為了讓別人的某種行為出現得少一點，強化則是為了讓某種行為出現得多一點。

🗨 懲罰有兩種，強化也有兩種：稱之為正面和負面。這裡的「正面」指的是「添加」，「負面」指的是「去除」。

🗨 讚美是一種很有力量和很有效的正面強化策略。

🗨 請確保策略的運用必須要能配合目標。如果你想要有更高的生產力（某些行為更多一點），就得使用強化策略，如果你希望降低犯錯的次數（某些行為少一點），懲罰策略或許是個好選擇。

🗨 若是不想使用懲罰策略，可以改用擇一性的行為（用所欲行為來取代不當行為）。

🗨 好的領導人會混和使用各種行為矯正技巧：強化、懲罰和擇一性的行為，確保擁有一套首要策略。

第三章

別在霧裡看花
用直接清晰的語言來界定問題

我們對問題界定得越清楚，離對策的距離就越近。
——環境學家、創業家和寫作者保羅·霍肯（Paul Hawken）

　　記不記得小時候玩的泡泡袋，感覺好酷！用手指一個個捏爆泡泡袋上的小泡泡，很好玩對不對？有時候才五分鐘，你就捏爆了所有泡泡，也有些時候，你會玩很久。可是一旦泡泡都被捏爆了，就只剩下塑膠袋而已。受損的袋子再無任何用處。

　　有時我們也不免懷疑，這個社會是不是還陷在泡泡袋的遊戲裡，即便我們已經遠離了孩提時的稚氣。我們喜歡把事情層層包裹，卻不願頭破血流地正面衝撞，為生活添點個性和色彩。我們會避開艱苦與磨難——卻會付錢進電影院看大銀幕裡的同樣戲碼。

　　衝突與不合是無可避免的，它們應該受到頌揚，而非責難。歷史證明，一些最偉大的發明、公民運動和人道發展都是

經過兩人以上的衝撞才產生的。

　　儘管如此，我們還是喜歡拿棉絮來包覆現實。於是我們透過行為和行動，甚或靠語言來包覆。有趣的是，模糊的議題之所以模擬兩可，就是因為我們的語言太複雜。英文這種語言本來就很容易造成誤解和揣測。

　　我們經常看見因溝通不清而避開或誇大了棘手的難題。口中說出的話常因使用的語言和字眼模擬兩可而遭到誤解和曲解。有句老掉牙的話說：「重點不在於你說話的內容，而在於你說話的方式。」這句話其實不對，應該說：「你說話的內容和你說話的方式都很重要。」

　　第四章會討論到你說話的方式（你的非口語溝通），屆時會有特別的單元教你如何運用自己的眼神、聲音和肢體來製造更好的效果。

擺脫霧裡看花

　　當我們遇到模糊的議題時，通常都會繞著主題打哈哈，避免把話說死，不願切入重點。我們周遭的人也都這樣打混仗。在你的組織裡，是不是經常使用英文縮寫？在這個FYI（for your information，供你參考）、BCC（blind carbon copy，密件抄送）、LOL（laugh out loud，大笑）、和OMG（oh my god，我的天）充斥的年代裡，有時候我們已經很習慣坐在模擬兩可的後面，避免直搗問題的核心。

當我們在工作上展開熱烈討論時（robust conversation），使用的語言多半會讓當下的討論很快滲進個人因素。雖然在對話過程裡注入個人因素，對默契的建立和關係的維繫來說很重要，但如果是棘手的對話，卻可能快速升高衝突。若要移除對話裡的個人因素（depersonalize），或者不把個人因素放進對某人的看法裡，最好的方法就是明確指出行為，不要泛言表徵（traits）。

表徵VS行為

要移除對話裡的模糊地帶、混淆狀態和臆測，辦法就是別再使用表徵性的語言，直接討論所欲行為，增加明確性。

你認識那些被你形容為很愛冒險、懶惰或不可靠的人嗎？這些形容都是表徵。所謂表徵只是一種標籤──多半是用來形容眾多行為組合的結果。舉例來說，如果某人被認定為很有禮貌，這就是表徵，一種用來方便形容眾多行為的方法，譬如這人會幫別人開車門，會跟別人道早安，或者會在店裡詢問別人是否需要幫忙。行為是可以被直接看到的東西。表徵則通常是眾多行為組合的結果。

在棘手的問題裡，行為和表徵是分庭亢禮的

在我們的語言裡，表徵很重要。你能想像要是我們沒有方法來形容眾多行為的集合，會有什麼下場？我們可能得花一整

天的時間來描述細節和各種行為。

　　但是在處理棘手的問題時，列舉行為之所以比描述表徵來得重要，有兩個原因：第一，如果我們只談表徵，很容易發生混淆。發生混淆的原因在於某些表徵的定義認知因人而異。

　　假設你把一個熟人介紹給一群朋友認識：「嗨，各位，這是賽門，他是個很棒的傢伙，他是我認識的人裡頭最大方（generous）的一個。」

　　在這番介紹裡，有兩個表徵：「很棒的傢伙」和「大方」。現在就讓我們來仔細審視「大方」這個英文字generosity。仔細想想，generosity可能涵括數百種以上的行為。有的朋友認為generosity是指他樂善好施，經常捐獻；另一個朋友認為這代表他熱心公益，常到公共圖書館當志工；別的朋友則認為是這人的經驗足以為人表率。這就是針對generosity底下的行為所做的各種解釋。

　　尤其在面對棘手的對話上，如果只是提出表徵，恐怕會有危險。聽者坐在那裡點頭如搗蒜，但其實他們點頭同意的是另一種解釋。所以要進行這類對話，一定要使用可明指行為的語言。這樣一來，雙方才會有一致的共識。

個案研究：柏妮絲的誤解

柏妮絲和她的經理正在討論她的工作績效評鑑。會議中，柏妮絲的經理給了她一些建議：「柏妮絲，你也知道你做得還不錯，不過我覺得接下來兩個月，你應該學習在工作上更有章法（methodical）。」

柏妮絲認為「有章法」是以下的意思：

● 製作更多的待做事項表。

● 勤寫工作日誌（她現在沒有寫）。

● 更有組織條理。

於是開過會後，她買了一本全新的工作日誌，開始每天早上寫下待做事項。她根據自己的認定，盡量在工作上更有章法。她覺得她正朝經理設定的目標前進。

過了一個月，柏妮絲接到經理的急電：「柏妮絲，我要你立刻到我辦公室來。」

柏妮絲走進辦公室，經理說：「這是什麼？」他手上拿著柏妮絲寫的記者會簡報。「這種簡報內容完全不符我們作業手冊的要求，作業手冊在三個禮拜前就修正過了。」經理不悅地說道。

柏妮絲連忙道歉，承認錯誤，向老闆保證立刻改正記者會簡報的內容，十五分鐘內就會交到經理的辦公桌上。

她的經理說道：「我記得我們一個月前不是才說過，你

以後在工作上要更有章法嗎？」

　　這就是我們說的灰色地帶。經理對「章法」的定義是你要遵守公司流程，和柏妮絲所認知的更有組織條理完全不同。

　　柏妮絲這才明白自我詮釋和對方期待是有落差的。於是他們針對具體行為做了一些討論，經理直言希望看見柏妮絲有哪些行為。柏妮絲這才總算清楚經理對她的真正期許是什麼，於是開始能夠達成經理的要求。

行為比表徵容易改變

　　行為比表徵重要的第二個原因是，研究顯示，表徵比行為難改變。表徵通常是經年累月下的行為模式，可能早在孩提時便已形成。所以可想而知，要在一場三十分鐘的回饋討論裡有效做出改變，心未免太大了一點。棘手難題的處理，是先從行為開始，而非表徵，才有可能成功。

　　在面對棘手的處境時，行為的改變通常是第一個目標。你希望別人改變行為：有些行為多一點，有些少一點，或者有全新的行為。若能用語言描述出具體的行為，將使對方更容易理解你希望看見的改變是什麼，包括行為出現的時機和出現的方式。

　　有時候，我們會在語言裡自然而然地同時說出表徵與行為。你會聽見他們主動說：「我要你好好掌握這次的專案計畫，如果可以寫電子郵件告訴大家各項行動的完成日期，那就

太好了。」表徵（掌握）的後面接的是你可以從事的具體行為（電郵大家，告知日期）。這說法就能清楚表明你期待的是什麼。

　　比較難的地方是，在面對棘手對話時，壓力通常很大，結果反而忘了注意這一點。但事實上，越是關鍵時刻，越是應該在對話上更具體明確一點。而對話的明確是來自於行為的描述而非表徵的描述。

　　表3-1列出了四種表徵說法，再細分成可能從別人身上看到的各種行為。

表3-1：四種表徵和可能聯想到的行為

表徵	行為
有工作道德	● 七月時為了完成專案計畫，往往加班到很晚 ● 在可以接受的時間範圍內完成任務 ● 當自己的工作量少一點的時候，會再去找額外的工作來做 ● 用高標準來審視自己的工作成果
重視團隊精神	● 上個月才幫忙傑克進入狀況 ● 有需要的時候，不等別人要求，就會自動接下接待的工作 ● 在和其他團隊成員溝通時，會使用正面的語言 ● 在團隊會議上不吝貢獻己見，提出點子
需要更有章法	● 不懂得用清單和行事曆來分配工作 ● 在月底的提報會議上偶爾會犯錯 ● 新任務會令茉莉絲分心，沒辦法完成手邊的工作
可以再主動點	● 很少主動要求負責專案計畫 ● 從來不曾主動表示要進修新知、規畫生涯 ● 經理不在公司兩個禮拜，便怠忽職守，沒有完成分內的工作

　　表3-1對棘手對話來說，是很好的規畫工具。先從表徵的角度想一下，將它們全部寫下來，再將這些表徵細分成你希望看見的具體行為。在你進行棘手對話前，先利用這種表格來釐清重點。這套作法對績效評鑑討論尤其管用。

　　千萬記住行為的改變比表徵的改變來得容易。

大部分的人都會選擇做對的事情

　　把模糊和混淆從我們的語意裡移除，將那些通常只能透過臆測才能揣摩出來的話明白說出來，這就是有效處理棘手問題的重要技巧之一。事實上，如果有正面結果和負面結果兩種選擇可以選，大部分的人都會把他們的行為轉向會有正面結果的行為。多數人都希望被人喜歡，所以會朝這個方向去努力，提高正面結果的發生率。從多數個案來看，一般人若能有選擇，也都會為了追求正面結果而矯正自己的行為。

　　我們知道工作職場上的確有人會選擇負面結果，他們任性倔強，故意違抗命令或公然挑戰。為什麼他們會選擇這種行為呢？

　　這些人寧願捨正面結果而就負面結果，唯一的理由是他們相信，負面結果的報酬會高於正面結果的報酬。

　　如果在工作職場上，引人注意是最大的資產，那麼就不難在職場上看見負面行為下的報酬：引人注意。他們故意選擇負面結果是因為可以得到別人注意，這比做對事情所得到的注目程度還要大。這就像人家說的：「會吵的孩子有糖吃。」（這部

分會在第六章進一步說明）所以就本質來說，如果你把注意力從不當行為移開，強化你希望在他們身上見到的行為，就會開始看見行為傾向的改變。只要我們在語言上和期許上清楚表明，對方往往會選擇你想看見的行為，根本不必訴諸命令。

提姆的同事都認為他很懶（表徵）。雖然有人告訴過提姆他是懶惰的員工，他的經理也常告誡他賣力一點，但過去六個月來，他的日常工作態度依舊沒有太大改變。

為了幫忙提振提姆的工作產量，他的經理只得逐一找出他被歸類為懶惰的諸多行為。於是有了這張清單：

- 上班遲到。
- 在同意的期限內仍然無法完成工作。
- 找其他團隊成員幫他代勞。
- 在團隊會議裡不貢獻任何意見。

由於具體指出提姆的行為缺失，而不泛言懶惰二字，於是提姆開始慢慢透過行為的改變來矯正懶惰的表徵。此外，在棘手的對話裡具體說出行為，可以去除個人因素，降低提姆的防衛心，免得他罷工抗議，認為這純粹針對他個人。

使用以行為為主的語言

將工作上的語言拆解、確認和改造，一開始這麼做可能有點怪。或許你覺得只是要把問題找出來就夠了。但是你必須後

退一步，解開各種臆測——尤其是在棘手對話裡，因為情緒會在這些被曲解的說法裡加油添醋。

改成以行為為主的語言，是你必須學會的技巧，只要多練習，就能熟能生巧。熟練之後，自然會習慣，從此運用自如。

導正未來的行為

之所以有關鍵對話，原因之一是，你要導正別人，讓他們未來照你要的方式行事。所以在對話中對行為的形容越具體，對方就越有可能重複你所期待的行為。舉例來說，如果團隊裡有人正在向新進成員介紹一套新系統，你可以用以下說法強化這種行為：「哦，你能幫忙這位新進成員，真是太好了——你做得非常好。」這種誇獎雖然不錯，但不夠具體，對方不會知道未來要重複什麼樣的行為或改正什麼行為。你必須更具體點。最好的方法是從現實生活中剛發生的情境著手。譬如：「我真佩服你為馬賽羅做的一切，星期三早上，你花了兩個小時時間教他如何使用STIP系統。你還要他有問題隨時問你，並陪著他一起試用，這實在太了不起了。」

這種誇獎細節的方法可以讓對方清楚明白什麼樣的行為受人欣賞，於是未來可能繼續出現同樣行為。針對行為所提出的具體細節，可以讓對方在未來重複或停止某種行為。

說清楚得花時間，但絕對值得

切入重點，確定雙方對行為的期許有共識，可是這麼做會

讓人覺得很花時間。因為得在過程中確定和核對雙方的認知。這過程雖然冗長，卻是關鍵對話可以成功落幕的重要步驟。所以儘管得花時間澄清你所期許的行為，卻能省掉因誤解而浪費的時間，譬如個案研究裡柏妮絲和經理之間的誤會。

要做到彼此沒有誤解、互有共識，有時得靠適當問題的提問。譬如「你可不可以用你自己的話告訴我們，我們的目標是什麼？」或者「你會怎麼詮釋我們剛剛談的內容？」這些提問可以讓你知道對方如何解讀眼前的問題，確保雙方的看法一致，中間若有落差，可以再幫忙釐清其中的混淆和誤解之處。

向上管理（Managing up）

如果你想弄清楚老闆對你的期許是什麼，技巧是從表徵和行為著手。當你的老闆談到表徵時，請注意聽他在說什麼，然後提問確認，這是最基本的技巧。譬如，如果老闆走過來要你改善顧客服務的品質（表徵），你可能需要這樣澄清問題：「你希望看見我們用哪些具體的行動來確實改善顧客服務的品質？」或者「對你來說，改善後的顧客服務應該是什麼樣子？」

花點時間弄清楚老闆確實想看見什麼行為多一點？什麼行為少一點？或者什麼事的作法要完全不同？如此一來，才更有機會達成老闆對你的期許。要記住，別人不會讀心術，所以在對話裡弄清楚一切，是很重要的，特別是棘手的對話，因為如果現在就能弄清楚，以後才能省掉很多麻煩。

表徵的各種詮釋：微觀守時

守時（表徵）的意思是什麼，這可能得看你在哪個年代出生。對勞動市場裡的老員工而言，守時是指提早十五分鐘到：它的意思不是準時，而是早點到。對職場上的 X 世代來說，意思是準時到，或者提早一分鐘到。對 Y 世代的員工來說，可能介乎在早半個小時到晚半個小時之間，這得看他們有多在乎這件事。顯然這是一個很廣的分類詮釋法，但可以從裡頭看出職場上社會結構的影響力，更說明了我們對這些表徵有多了解或有多缺乏了解。守時不是只有單一定義：它得視當事人，還有當事人的背景、性情，甚至年齡而定。

去除對話裡的個人因素

使用以行為為主的語言，可以讓你輕鬆移除情境裡的個人因素，讓人覺得你在態度上非常支持行為的改變。你應該還記得提姆的例子：懶惰表徵從對話裡被移除，改談具體的行為後，便去除了棘手對話裡的個人因素。因為如果只談表徵，會很快變得像是在針對個人。

績效佳的運動團隊都懂得有效運用以行為為主的語言。頂尖球隊之所以稱霸球場，就是因為他們只強調行為，而且懂得發揮團隊合作的精神。球賽結束後，他們可以坐下來熱烈討論，鎖定某些行為，然後說：「這部分我們必須做得更好，而

且我們相信你們可以辦到。」三流團隊抓不到這種訣竅。同樣
是賽後討論，卻往往放進很多以表徵為主的語言，於是發生爭
吵，士氣跟著低落。職場上的高績效團隊多半懂得尊重團隊裡
的個別成員，並不停耳提面命有待改變的關鍵行為。因此接收
到這種對話的成員會覺得自己受到重視和支持，但同時也很清
楚自己需要改進的行為是什麼。有越來越多職場懂得抓住這種
訣竅，改用以行為為主的語言。

交互運用傳播媒介

　　要進行棘手對話和傳遞棘手訊息，其實有很多傳播媒介可
以利用——包括電子郵件、面對面溝通、電話、團隊會議或一
對一的會議。

　　我們通常會問哪種傳播媒介最適合進行棘手對話。答案很
簡單：「全都很適合，也全都不適合。」每一種傳播媒介都在
某特定場合下格外有效，也在某特定場合下完全無效。

　　重要的是你要懂得交互運用一系列媒介。訊息越重要，使
用的媒介就越多。如果是棘手對話，不能只靠面對面溝通、通
電話，抑或一封電子郵件來解決。它們全都得派上用場。先面
對面地談，隨後致電，再寄封電子郵件確認你們稍早談過的
事，將這些行動平均分配在各個適當的時間點裡，談話的重點
才不會被忘記。盡量利用各種媒介讓你的訊息無所不在，同時
製造對話的機會。

　　如果只利用一種媒介（尤其是電子郵件），很容易使對話流於臆測、曲解和溝通不良。在沒有其他媒介的輔助下，單用電子郵件進行棘手對話的溝通，是最糟糕的方法。因為人們會以各種臆測來填補電子郵件沒說清楚的部分，而這些臆測往往不正確，徒增憤怒和洩氣。

　　誠如先前在本章所看到的個案研究，即便是面對面的溝通，都會有很多未說出口的話，或者聽而不聞的話，只因聽者正在注意別的事情。所以不管訊息是什麼，只要很重要（棘手對話通常很重要），就不能只對話一次，要妥善運用更多媒介。

言語的力量

　　我們在關鍵對話裡所用的言語是成功對話不可或缺的要件。在這個單元裡，我們將從三個領域去探討你的言語是如何發揮作用，它們分別是活人法則（the live person rule）；為什麼「不」不管用；以及為什麼以優點為主的語言可以徹底改變你的對話。

對話時多用活人法則

　　當我們在輔導客戶幫忙減少某種不當行為時，治療專家多半會利用所謂的「活人法則」作為指導原則，它的相反是「死人法則」。這話聽起來很可怕，不過其實並不像你想得那麼恐怖，它的意思只是千萬別要求別人做連死人或無生命的物體都

能辦到的事，因為只有它們可以毫無作為。舉例來說，你可能對某人說：「不要走出那扇門。」所以對方只要什麼事都不做，就能完成這個任務。事實上，桌上動也不動的玻璃杯也能做到你的要求。要造成行為的改變，需要有人行動，而不是消極被動地什麼事都不做。

這裡的意思是要你利用只有活人才辦得到的語言指令。所以與其說「不要走出那扇門」，不如說「待在房裡，我們才能繼續聊下去」。一杯水無法參與對話，只有活人才能參與對話。注意去聽辦公室和身邊周遭的對話，是否有人常提出水杯都能辦到的要求？或者常提出活人才能辦到的要求？結果一定很令你驚訝。表3-2列出了一些你在辦公室裡可能聽過的蹩腳要求。

表3-2：蹩腳要求（死人也能辦到的要求）

情境或背景	指示
主管對新進員工說	上班不要遲到
經理對有委屈的員工說	我不希望你誤會我的意思，不過……
經理在團隊會議上對成員們說	要是貢獻不了什麼點子，就不用來開會了。

表3-3顯示出這些起不了作用的要求（死人也能辦到的要求）是可以利用活人法則重新編寫的。

表3-3：以「活人」才能辦到的要求來改寫「死人」也能辦到
　　　　的要求

對「死人」的指示	對「活人」的重新措詞方式
上班不要遲到	請九點準時上班
我不希望你誤會我的意思，不過……	我們來確認一下我們之間的共識
要是貢獻不了什麼點子，就不用來開會了。	在會議裡貢獻點子是很重要的事

「不」一點都不管用

在多數的個案裡，「死人」也能辦到的要求都是從否定開始。它可能暗中破壞你一直想要達成的效果，而且在進行關鍵對話時，也會害你偏離方向。

「不」不管用還有另一個原因。我們再看一次這個簡單的要求，而且從聽者的角度來審視「不要走出那扇門」這句話。我們用功能性核磁共振造影（fMRI）來掃瞄大腦，結果發現不管句子裡一開始有沒有「不」這個字，大腦都會在同一塊區域閃光。「不」這個字眼只是句子的字首而已，跟我們的大腦運作一點關係也沒有。

這表示有「不」出現在句首的要求，會變成所謂的啟動式說法（priming statement）。因為走出那扇門出現在我們的要求裡，所以等於提供對方執行行動的動力，就像幫他們埋下了一顆種子。

「不要走出那扇門。」他們的反應是什麼？「哦，我之前怎

麼沒想到要走出去。」

「我不希望你誤會我的意思」這句話就更明顯了，真的嗎？真的，因為這是一個非常經典的啟動式說法。不管他們當時有沒有誤會你的意思，現在肯定都在揣想那是什麼樣的誤會。這就像一聽到有人說「不要去想粉紅色的大象」，你就會滿腦子都是粉紅色大象。「不」只會啟動聽者去想你要他們不要想的東西。

「不」之所以不管用，還有其他理由。在這個句子裡，空間占最大的是什麼？「走出那扇門」。最小的是什麼？「不要。」

句子裡最後出現的是什麼？「走出那扇門」，第一個出現的是什麼？「不要」。

起始和新近效應（the primacy and recency effect）兩者都有利於我們的記憶。而新近效應的效果最強：我們在一個序列裡聽到的最後一個東西，往往記得最清楚。所以句子裡最後出現的部分才是最重要的，這也是「不要走出那扇門」這個說法不管用的另一個原因。

改變「不」的說法，這一點很重要。與其用「不」，倒不如把你的語言改成以行動為主的要求。

在公園這類公共場所，你應該已經看到這方面的改變。過去十五到二十年來，警告標語上的語言已經起了大幅變化。幾年前，當地公園的警告標語仍有「不要踐踏草地」這類用詞。但後來議會發現「不要」不管用，於是現在的看板全是具體要求所欲行為，譬如「請走在人行步道上」。

強調優點

　　有些人顛覆傳統，要人們把焦點放在我們的優點而非缺點上，國際知名作家兼演說家馬可斯・巴金漢（Marcus Buckingham）也是其中之一。我們相信你也可以把這套原理運用在語言裡。事實上，如果你的字彙都繞著缺點打轉，根本不可能有機會解決棘手難題。請參考表3-4，它列出了一些無助於事的表徵（左邊欄位）以及從這個表徵裡精挑出來的優點（右邊欄位）。

表3-4：無助於事的表徵以及從裡頭找到的優點

無助於事的表徵	從該表徵裡所找到的優點
愛抱怨	能找出問題
固執	意志堅定
懶惰	冷靜、淡定
憤世嫉俗	務實或夠世故
唐突	率直
漠不關心	講究邏輯
好鬥	直率或熱情
畏縮	順從或內向
堅持己見	很有想法或不吝貢獻意見
傲慢	自信
不夠圓滑	直言坦率
愛干預	好奇
猜疑	心思周密
好辯	會帶動討論的氛圍
招搖	外向

如果你在棘手對話裡點出這些無濟於事的表徵，相信先前的努力都會白費，等於前功盡棄。對話要成功，靠的是右邊欄位：你必須把對話轉向優點，再轉向你想看見的行為。

舉例來說，假設我們決定要找一名員工來談。拙劣的說法是：「我想我們該聊一聊了。我想跟你談一下態度傲慢的問題。」這種說法會有什麼後果？對話肯定很快破局。直接點出一個無濟於事的表徵，只會有礙這場對話的成效。

現在讓我們改變焦點，不要去看無濟於事的表徵，改用以優點為主的語言。如果你能找到傲慢表徵裡的優點，結果會大不同，但主題並無偏離。在這個表徵裡，我們找到的是自信。我們知道傲慢的人最大的優點之一就是很有自信，雖然有時過度自信了一點。所以就讓我們從優點切入，重新展開對話。

「我想找你聊一聊你的自信，你的優點之一就是很有自信，但有時候有點過了頭或者放錯地方。我舉個例子好了……」這是完全不同的對話，沒有偏離主題。它效果很好，而且給了我們一個平台進入以行為為主的語言，於是對談結果更具成效。

你可能還沒被說服。或許你會覺得這太費事了點。如果對方態度傲慢，應該直接告訴他們。

我們當然相信你可以直接幫他們貼上左邊欄位的標籤，而且百分之百沒有貼錯。但你也會百分之百不滿意這場關鍵對話的結果以及你和這人之間的關係。有時候，為了有圓滿結果，你就是得放棄自己的「正義感」。跟某人說他很傲慢，只會讓

對方產生自我防衛的心理。但如果跟他說他很有自信，他才可能聽你繼續說下去。

精簡你的訊息

拜推特和臉書的近況更新之賜，我們已經被訓練得很會精簡訊息（事實上，近況更新不能超過一百四十個字母）。我們覺得這是一項應該學會的技能，尤其如果你是領導人的話。想像如果你的經理或執行長參加你的下次會議，然後只用一百四十個字母（甚至不到一百四十個字母）就把願景、策略和目標說清楚。那會是什麼景況？

有種說法是：最重要的事情就是要知道最重要的事情是什麼。在你的團隊和你的組織裡，有多少人知道什麼是自己必須負責的重要工作？如果你是經理或領導人，你就得反問自己以下幾個問題：

* 這個時候的我最需要別人明白哪一點？
* 我最需要我的屬下朝哪個目標前進？
* 團隊行動背後的核心目的是什麼？

丹・希思和奇普・希思（Dan Heath and Chip Heath）是《高速企業》（*Fast Company*）商業雜誌的專欄作家，兩人合寫過一本書叫《創意黏力學》（*Made to Stick*），書裡談到你必須有一個很具「黏力」的訊息、點子和策略，長伴人們身邊。

我們常常以為我們必須在訊息、點子或策略裡多加點料，別人才更清楚裡頭的意思。事實上，徹底精簡訊息才是最重要的。花點時間想想你的核心願景、目標、點子和策略是什麼，你要如何利用一百四十個字母（甚至更少）來向部屬傳達這個訊息。如果你不知道該怎麼辦，請花點時間讀一讀《創意黏力學》。

結語

概括來說，大部分的溝通都是透過三種管道：我們寫的文字；我們說的話；和我們的肢體語言。這一章已經提供一系列工具幫忙你利用前兩個管道進行溝通。至於非口語溝通的部分則會在第四章討論。

該是發動革命的時候了。我們要擺脫模糊的語言。我們要相信我們的交談對象喜歡精準和明確的談話。彼此溝通的方式，應該更直接。我們常常過於保護自己，以致於對話內容成了灰色地帶，但其實應該非黑即白。

達倫 的見解

我想談一談愛這個主題。我知道今天不是情人節，我也很清楚這本書是以工作職場為脈絡。話雖如此，我還是相信在工

作職場裡，愛也有它的容身之處。我是從信任的角度在談愛這個元素。

　　我在協助執行主管時，都是以信任他們、信任自己有能力處理棘手對話為出發點。我在指導這些執行主管時，就像一位正在雕刻大塊花崗岩的雕刻家。我使用的是很大型的工具，畢竟我處理的都是棘手的案子，但我承諾自己一定直言不諱。因為我是以同情為出發點，我想看見對方的成長和進步。我喜歡和不怕接受挑戰的人一起工作。我相信坦率的訊息，因為我很清楚有時要跨出一大步或向前跳躍，唯一方法就是直接面對棘手的難題。我也知道有時候這些事情很傷人，但確實可以讓他們振作起來。而且我相信他們一定能熬過來。你要能夠相信自己的夥伴，相信到你敢告訴他們真話，毫不隱瞞，這才是對他們真正的尊重——而這也是我所謂的愛。

艾莉森 的見解

　　在關鍵對話裡，有太多時候只是說了一堆話，卻沒能說出重點。我在臨床上幫助過很多人，他們都飽受沮喪、焦慮和其他精神疾病之苦。但有兩件事令我很驚訝：人們鮮少有機會表達自己內心方面的問題，以及他們有多在乎一些小地方，甚至歷經多年都無法忘懷。我相信同樣問題也出現在職場上，所以才會有焦慮、痛心和孤立的問題。

想像有一個工作職場很鼓勵大家討論人與人之間的根本問題，在這個職場裡，大夥兒都能打開心胸暢談一些小地方所造成的不快，他們會解釋清楚，不會任它惡化。在這裡，大家都能立刻抓住要點。以上想像若要成真，便得先從去除模糊地帶，務實行動，從強調優點開始。

西恩 的見解

我運用的是很基本的原理，而且是來自於我自身的經驗：先支持，再質疑。

我注意到有些人很容易有防衛心，或者很容易受到傷害，於是你必須多花點時間鼓勵對方，打破溝通的障礙，然後才可以質疑他們。但也有些人比較自負，或者生活裡沒遇過太多壓力因子，如果你沒有立刻提出質疑，他們很快會覺得無聊。因此你必須懂得分辨何時該語帶鼓勵，何時該出言質疑。

一旦你能確定對方當下需要的是哪一種回饋（多一點鼓勵還是多一點質疑），就有可用的工具了。若是想鼓勵人，請把負面表徵的語言轉化為以優點為主的語言，如果你覺得他們很容易受到傷害，這部分就多強調一點。若是要質疑行為，則是把負面表徵的標籤轉化成有待改變的具體行為描述。

本章摘要

- 關鍵對話時如果說得不清不楚，容易發生曲解和誤解。
- 在棘手對話裡，最好直接指出具體行為，不要泛談表徵，才能去除個人因素（每個人對常用字眼的定義各有不同，因此很容易被曲解）。
- 表徵是眾多行為組合下的標籤，行為則是可直接觀察到的東西。
- 將表徵裡的各種行為拆解出來，在棘手對話裡強調行為的改變。
- 訊息越重要，所需用到的溝通媒介就越多。
- 避免使用「死人法則」，記住「不」根本不管用。應該明確指出所欲行為。
- 強調以「優點為主」的語言。

第四章

言語之外的溝通技巧

採取視點溝通法來提升對話效益

能以從容優雅的態度來影響別人，實屬一種非言語的智慧。

——國際教育專家麥可‧葛瑞德（Michael Grinder）

　　有專家研究日常溝通中高達百分之九十的溝通屬於非口語溝通，這表示我們不用說話也能和別人溝通，而且非口語溝通對訊息的傳送和接收有很大的影響。

　　非口語溝通技巧的正確使用相當於棘手對話裡的遊戲轉換器。我們當然可以透過語言表達出更清楚的內容。適當的措詞和關鍵字可以讓我們的關鍵對話有更好的成效，這一點毋庸置疑。可是如果你在關鍵時刻不當使用或錯誤使用眼神、手勢或身體姿勢，一切努力都將白費。非口語溝通就像烘焙用的酵母一樣：所有基礎材料都有了，但最後成品能不能烤得蓬鬆有型，便得看那個「非言語」的成分有沒有放進材料組合裡。

非口語溝通

人類具有一種你難以想像的本領，那就是他們可以解讀非口語溝通和肢體語言，藉此確認和評估當下的狀況。我們都知道在我們的溝通裡，非口語的部分占了很大比例，卻鮮少有人知道我們的肢體語言是如何促成或影響對話。

麥可‧葛瑞德是全球最優秀的非口語溝通專家。他專研行為和教育領域四十幾年，並曾在六千多堂課室裡觀察過教師的非口語溝通，所以很清楚非口語溝通運用的有效與否所造成的差異。如果你有興趣可以上www.michaelgrinder.com網站，相信他的建議定能改變你與他人的溝通方式——而且是好的改變。

麥可不藏私地花了很多時間錄製和剪接出一支影片，你可以在www.thoughstuffbook.com上找到，片中他示範了「五種不被拒絕的方法——在面對棘手難題時，如何更有效地利用自己的聲音與肢體」。這是一部很棒又有娛樂性的影片。（在這一整章裡，我們會建議你上本書支援的網站觀賞影片，因為有些非口語技巧很難透過文字形容，不如看影帶示範。）

有親和力VS可信賴的

我們的雙手在口語對話時之所以有很大的作用，其實有幾個原因，主要都和我們的聲音控制有關。為什麼在談到非口語溝通技巧時要提到語調呢？因為我們的雙手和頭（非言語）可

以驅動我們語調（言語）。

　　說話的時候，如果雙手舉起（若是再加上頭的搖頭或擺動），我們的聲音就會以上揚的語調結束，聽起來顯得輕快。這是所謂的「有親和力」的聲音模式。當我們想和別人建立友好關係，或者和他人初見面時，都會用這種聲音模式。這是一種「嗨——你好——很高興認識你」的聲音模式，大家都喜歡聽到。下次你可以在旁邊觀察一下，做個筆記。

　　當你把手放下，頭在肩膀上保持不動，就會出現「可信賴」的聲音模式。當可靠的聲音模式出現時，會發生兩件事：我們的語調在句尾時會下降，而且較常停頓，呼吸也較深沉，於是製造出一種嚴肅、審慎的聲音，聽起來可以信賴。事實上，如果能有效運用這種可信賴的聲音模式，就算你在胡說八道，別人還是願意相信你。

　　說到有親和力和可信賴的聲音模式，在搭飛機的時候，就有一個類似的例子可循。飛機上的機長會用可信賴的語調說：「我是你們的機長，」然後空中小姐再以具有親和力的語調說：「祝你們旅途愉快。」如果互換這兩者的語調，恐怕令人不安，不是嗎？我們不太在乎機長的個性是不是有親和力，我們只想確定一切都在他的掌控中。另一方面來說，我們希望空中小姐要迷人又有親和力，態度不能粗魯，也不能太嚴肅。

　　根據葛瑞德的說法，多數男性在親和力的表現上都顯得吃力，因為他們習慣在說話的時候把手放下來。另一方面來說，女性則是很努力地想要表現出可信賴的語調。那是因為大部分

的女性說話時會自然而然地手掌朝上，於是語調顯得很有親和力。你應該看得出來這可能是一把兩面刃，有時你讓人覺得太嚴厲了（因為你用的是可信賴的語調而非親和力的語調），但其他時候，你又看起來怪怪的（因為你在應該使用可信賴語調的時候，竟然用了有親和力的語調）。

讓我們再看一個工作職場上的例子。你是不是曾在工作上和某人通了很長一段時間的電話，結果最後見到對方時，你不禁會說：「你和我想像的不一樣！」一般而言，我們在電話上都會使用可信賴的語調。因為我們的手是放下來的（放在電腦鍵盤上或正在寫字），而且頭不會動來動去（當然不能動，因為我們在聽電話），所以語調上是可信賴的。可是等到終於見面了，雙方通常都會使用具有親和力的語調，因為這是第一次見面或互相招呼時自然而然會採用的語調。所以這也是為什麼當我們放下電話，面對面溝通時，會發現對方很不一樣。

而在棘手對話裡，究竟該使用具有親和力的語調還是可信賴的語調？建議可以先評估一下你的目的是要對方認真回應你（如果是的話，請使用可信賴的模式），還是只想和對方建立友好關係？若是後者，請使用親和力的語調模式。

確定你的「視點」

在第三章，我們詳細說明了如何利用以行為為主的語言去除棘手對話裡的個人因素。這辦法絕對能幫忙切割你對該行為

的個人觀感，確保語言的明確性。除了這個策略之外，若再加上正確的非口語溝通模式，對話成功的機會就更大了。

我們曾在澳洲和北美向數以千計的學員傳授棘手問題訓練課程，教育他們非口語溝通的方法對對話裡個人因素的滲入與去除會有什麼影響。多數學員聽完後都出現「原來如此」的驚嘆，認為：

- 真是太有道理了。
- 原來我們以前學到的都是錯誤的觀念。
- 這其實不難修補。

如果仔細觀察非口語溝通，特別是在我們引導對話的時候，便會發現我們的日常溝通有「四個視點」（four points）。這些「視點」主要是由我們的目光方向來決定，對口語訊息的傳送和接收方式有相當大的影響。現在就讓我們逐一說明這四個視點。

引導反省的單一視點溝通

單一視點溝通（one-point communication）通常發生在當我們的眼睛看著下方，視線專注在個人空間裡的時候。這種形式的溝通往往伴隨著自我反省：譬如，當我們嘴裡說「前幾天，我自己在想……」這時我們幾乎都是垂著眼，視線專注在自己的個人空間裡。

單一視點溝通很適合用來清除以前的行為記錄：關閉前一

段資訊，開始下一段資訊。下次有機會看到電視上的新聞播報員時，不妨注意一下他們在兩則新聞之間是如何垂眼進入單一視點。

　　單一視點是個很有效的策略，可以引導部屬反省自身行為。在利用單一視點的時候，我們並不強加個人看法，只是透過有效的榜樣示範，讓對方也開始自我反省。

用於正面交流的雙視點溝通

　　雙視點溝通（two-point communication）常被認定是眼神的直接接觸（特別在西方世界裡）。其實它不光是眼神接觸，比較適當的定義是「看進對方的空間裡」。在多數的西方職場文化裡，雙視點溝通通常出現在目光交會的時候。但是如果你想和來自其他文化的人展開對話，譬如澳洲的原住民或亞洲人，你會發現礙於文化的不同，他們的目光通常不太跟你接觸，但雙視點溝通的情況還是會出現。無論直接或間接眼神接觸的文化角色是什麼，雙視點溝通都是指看進對方的空間裡。

　　雙視點溝通是最針對個人的溝通方式，而且大多用在正面交流上。但往往過度使用，尤其是在處理棘手對話的時候。這也是為什麼棘手對話總是很快變得像是針鋒相對。

對事不對人的三視點溝通

　　所謂三視點溝通（three-point communication）就是說者和聽者「共享」一個獨立的視覺媒介。譬如都看著白板或都看著

團隊會議的議程，這樣一來，就不必看進對方的空間裡（眼神接觸或雙視點溝通），而是利用一個共通的空間來進行對話。

三視點溝通有助於我們對「事」不對「人」地進行談話，它可以將對話引進一個流程裡，使對話不再針對個人。

討論未來的四視點溝通

四視點溝通（four-point communication）是指你會在對話裡提到一個現在不存在的東西。在四視點溝通裡，我們的眼睛通常看著上方或遠方，示意遙遠的未來有某樣東西。譬如我們會提到如果下年度的利潤可以雙倍成長該多好，這時我們就會使用四視點溝通，因為它還沒實現。

遊戲轉換器

「我不懂他們為什麼這麼針對個人？這只是在討論工作而已……」

如果你曾說過這番話，那麼你恐怕是用雙視點溝通法在進行溝通，你提出負面或帶有挑釁的看法，甚至可能有直接的眼神接觸。

利用雙視點溝通或眼神的直接接觸（這是最針對個人的溝通媒介），接收的彼方只得被迫接收很針對個人的訊息。

但這裡有個問題。我們常被教導「要看著對方的眼睛，才能證明你是認真的，你很重視對方」，「如果不直視對方眼

睛，表示你在撒謊」，或者更糟的是，「表示你是個懦夫」。除此之外，還有很多毫無科學根據的世俗規範，有些甚至連簡單的因果邏輯都沒有。

在溝通棘手的難題時，如果使用雙視點溝通作為主要的媒介，很可能導致衝突的升高或個人的不滿。

在棘手對話裡直接接觸眼神並不管用。只要了解其中因果，我們就可以輕易拋開它，直接進入另一種更好的溝通方式。

對棘手對話來說，三視點溝通是比較好的替代方式。

棘手對話裡的三視點溝通有一個好處，那就是它可以拉開當事者與問題之間的距離。這樣一來，說者和聽者都能針對問題而談，而非個人。這能有效促成行為的改變——而這也是棘手難題的真正目的。

說到工作和工作上的棘手難題，以下有個黃金守則：**多利用三視點溝通來處理棘手對話，少利用雙視點溝通。**

我們都明白這個守則有多難遵守，因為對一些讀者來說，這個建議根本有違他們這輩子被潛移默化的行為，但其實有時候我們所擅長的事情，不見得對我們有好處。

以棘手對話來說，最令人自在的是三視點的媒介點，因為它能使你保持冷靜，也使對方保持冷靜。

留意污染

無論何時進行棘手對話，我們都是冒著空間可能被污染的風險——透過接觸或聯想而造成污染。當我們在進行一些重要

但不到重大程度的對話時，都會出現某種污染空間的元素。有趣的是，被污染的空間可以是有形的，也可以是個人的。這表示你有選擇權：你選擇污染哪個空間？

　　如果你使用雙視點溝通，你污染的是個人空間。若你在提供負面回饋時，眼睛曾瞪著對方，結果就是以後人們經過走廊時，會盡量不看你的眼睛，因為個人空間已經被雙視點污染，因此是一場令人不滿的棘手對話。要是你也曾在自己的辦公室裡這樣瞪過別人，以後他們恐怕會不想進你的辦公室，情願站在門外走廊，絕不肯再踏進去，因為你污染了那個空間。

　　假如你使用三視點溝通，你污染的只是共通的視覺空間，所以第三視點是進行對話的最佳介面。

　　請上本書網站www.toughstuffbook.com觀賞一些輔助性影片，它們會向你示範如何利用三視點溝通來有效展開會議，以及如何坐著或站著進行棘手對話。三視點溝通的練習方式多到無以數計。

有科學根據

　　我們深信三視點溝通可以真正轉換遊戲規則，但這並非單純根據我們的觀察和教學經驗，或只根據麥可‧葛瑞德四十年來的研究結果。它其實是有科學根據的。

　　當我們使用雙視點溝通時，大腦管理情緒的部位會加速活動，長期記憶庫也一樣。這些反應非常適合正向對話，但碰到

棘手對話，反而沒好處。畢竟我們都想記住好的一面，而不是壞的一面。

研究顯示，眼神直接接觸會自動加快心跳和代謝速度，瞳孔會放大，體溫會升高，皮質醇（應激激素）也會上揚。當我們的眼神接觸時，體內會開始出現許多紊亂的狀況。

進行關鍵對話時，我們要的是什麼？保持冷靜的能力。而三視點溝通可以幫助你（及對方）保持冷靜。

結語

非口語溝通可以強化你的溝通成果，但也可能害很棒的理論無用武之地。反過來說，如果你小心使用眼神、肢體和手勢，即便是同一套理論，也能發揮最大功效。不過雖然效果奇佳，還是有很多人忽視非口語溝通的部分，情願因循自己的舊習。改變原有的非口語溝通模式，的確會讓人覺得不自在。對某些讀者來說，甚至可能有違他們幾十年來的行為習慣。你可以先檢視一下自己現在所用的非口語模式能否帶來最大的功效？如果答案是否定的，就應該改變。使用正確的非口語溝通方式，再配合本書傳授的其他技巧，定能提升你對棘手難題的處理能力，成為一位值得追隨的領導人。

達倫 的看法

　　我在大學讀心理學時，就很敬畏卡爾．羅傑斯（Carl Rogers）和他的治療方法——無條件的正向關懷概念（the concept of unconditional positive regard）。基本上，這個概念是說，你應該對客戶敞開心胸，全力支持，利用很多的眼神接觸來告訴對方，你隨時能為他們服務。

　　無條件的正向關懷概念（以及伴隨而來的非口語溝通）確實需要一些條件，才能發揮功效，包括親近對方，花再多時間也願意。但是光拜訪一次，鮮少能馬上成功。而我所認識的經理人，沒有一個有那麼多時間可以耗在這裡。所以無條件的正向關懷根本不管用。但我還是很欣賞羅傑斯的方法——因為這畢竟是種正向交流——只是對忙碌的經理人來說，他們需要的是直對對話，而非十次親顧茅廬的經驗，因此三視點溝通才是你在職場上最好的朋友。

艾莉森 的看法

　　說到非口語溝通，男性和女性有明顯的不同。根據www. bodylanguageexpert.co.uk網站的肢體語言專家指出，女性往往比男性更常使用眼神接觸。這可能和女性在溝通時，都很努力

地想在感情上有所連結有很大關係。當女性採用三視點溝通時，一定要小心自己的這種傾向。

很多經理人對三視點溝通的看法是：和別人沒有眼神接觸，感覺不夠尊重對方。我們建議大家最好盡快捨棄這種觀念。利用三視點溝通來討論棘手議題才是一種尊重，眼神的接觸不如留給互有共鳴和默契的時候。如果你是女性，很想用這套辦法，那就要小心自己可能會本能地使用眼神接觸，但是你要的那種感情連結和尊重，其實是來自於幫助別人成功改變行為。而三視點溝通是一個可以幫你達成此目標的有效工具。

西恩 的看法

我最近在教三視點溝通時，有個當經理的學員問我：「我以為我們應該親近別人才能建立關係。如果是三視點溝通方式，你不覺得你離你的聽眾有點遠嗎？」我的答案是，「沒錯，當你在進行棘手對話時，保有一點距離是很重要的。」如果利用雙視點溝通的負面或批判式回饋來親近對方，恐怕會讓他們築起防衛性的高牆。雖然他們迎視著你的目光，表面看起來正在聽你的意見，但心其實是抽離的，對你提供的任何解決之道都充耳不聞。

利用三視點溝通，才能製造足夠的距離感，使聽者不至於有防衛心。邀請他們共同審視有問題的行為，因為行為可以改變，但個性上的缺點是不能改變的。

本章摘要

● 注意觀察和傾聽職場上出現的「可信賴」和「有親和力」的聲音模式——是誰在有效地運用它們。

● 成為大家的瞭望員：利用四視點溝通來融入他人。

● 向另一個人解釋雙視點和三視點溝通的不同。最好的學習方式就是去教會別人。

● 經常利用三視點溝通，尤其是在團體裡。你會看見人們最後欣然接受你的建議。

● 檢查一下你是不是習慣靠雙視點溝通來處理棘手難題。你接受的訓練是不是錯了？

● 將雙視點溝通留到正向互動時使用。先試一個禮拜的三視點溝通，只要不是很正向的對話，都請使用這個方法。

● 幫助別人升級。當你和老闆對話時，即便對方沒有創造出一個三視點的空間，你也可以自行創造。

● 請上www.toughstuffbook.com網站觀賞示範影片，它們會教你如何更有效地利用三視點溝通。

第五章

當情緒來攪局

用冷靜理性化解衝突，用同理心收服悲傷

誰都會生氣，這很容易。但是要找對生氣的對象、程度、時間點、目的和方法，這就不容易了。

——希臘哲學家亞里斯多德（Aristotle）

如果我們調查一百個人，請教他們在對付棘手問題時，覺得最難的地方在哪裡？百分之九十九的回答都是情緒的處理。情緒會害問題變得棘手，它們是棘手問題之所以存在的原因。但是我們不能沒有它，因為情緒為我們的生活增添了多采多姿的光影變化。

領導人和主管經常被告誡要抿著嘴，不可流洩出任何一絲情緒，遇到狀況時，絕不可顯露情緒，只要針對事情處理就行了。臉上不帶表情，身體和腦袋卻情緒澎湃，這可不是一件你能偽裝得了的事。因為不管你再怎麼假裝，它們還是會從某些地方流洩出來。而人們天生就會嗅到這些情緒，他們會看見你

說的話和你的肢體語言、語調、行為完全不搭。情緒向來無所不在，所以我們必須重新架構情緒在職場上的角色。我們可以把情緒當成一種促進改變的催化劑以及帶動生產力和創新力的燃料。有情緒是很棒的！

可是情緒也會造成衝突或者令人傷心難過。要在一個充滿情緒的環境裡找出一條路是很棘手的。事實上，你永遠無法將情緒從工作裡抽離──這是不可能的！擅長對付棘手問題的人，都是那些學過甚或精通情緒管理藝術的人。所以與其花時間和費盡心力地想暫時拋開情緒、壓抑情緒或忽視情緒，倒不如利用自己的力量去學習妥善管理情緒。

情緒：忽視它們會很危險

那些誤以為只能針對事情和數據來工作的經理人，在做任何決策和選擇時，都得先花很大力氣抽離情緒。問題是，努力不讓情緒介入，這種作法完全沒有意義。情緒根本不可能被忽略，因為無論如何，我們做的每個決定，我們的每場對話，我們和別人的每次互動，都夾雜著情緒（我們的情緒和別人的情緒）。

對情緒有一定的認識，以及有能力管理和有效利用情緒（這種技巧稱之為情緒智商〔emotional intelligence〕），這些都是領導統御成功的重要元素。根據情緒智商之父丹尼爾‧高曼（Daniel Goleman）的說法，平庸的經理人和傑出的經理人之間

的差異九成來自於情緒智商。

　　回想一下你在工作生涯裡遇過的最佳經理人。他們之所以與眾不同，是因為什麼特質？又是什麼特質使他們在工作上表現出色？我們敢說絕不是因為他們有辦法達成營業目標，也不是因為他們出色的報表或規畫能力。雖然這些專業技術也很重要，但絕不是優秀的經理人令人難忘的原因。一個真正厲害的經理人之所以令人念念不忘，其特質可能是：

- 他們很有親和力。
- 他們關心別人。
- 他們的決策很公正。

　　會被我們牢記在心的優秀經理人，都是因為他們的交際手腕高超、懂得管理自己和別人的情緒、決策公正、會顧慮到決策結果對他人的影響。

　　無論是在什麼時候處理棘手問題，都請記住一點：它之所以棘手是因為有情緒。包括你自己的情緒和別人的情緒。這完全躲不掉。當中一定會出現情緒，而且一定得處理。

准許別人擁有自己的情緒

　　情緒感受豐富了我們的人生。它們在工作上驅動著熱情與理想。對職場上的工作者以及組織裡的顧客和利益相關者來說，它們是歡樂與成就感的來源。但事實上，如果讓兩個以上

的人長期待在一起，氣氛一定會變得緊張。

　　通常經理人和領導人會試圖延緩、削弱或甚至更改某些狀況的背景，好讓棘手對話獲得緩和，以免有人受傷，這樣一來，他們才不會接收到太強烈的情緒。這麼做的目的是希望人們可以在情緒上面加個蓋子。在處理棘手難題裡的情緒時，要記住的第一件事是：准許人們擁有自己的情緒，千萬不要試圖代勞。

　　尊重對方，不管什麼情緒出現，他們都有權利擁有和經歷。把他們當大人看，阻擋任何負面或令人傷心的消息都對他們無益，等於不給他們機會成長和進步。任何情緒都可以被接受。在工作上，這些情緒所衍生的行動或許恰當，或許不恰當，但情緒本身是被允許的。情緒不是敵人，帶著情緒的我們要做什麼，選擇權在我們自己手上。所以請尊重他人的情緒，讓他們自己做選擇。

憤怒和行動是兩回事

　　在工作職場上，憤怒是爭吵、衝突、挑釁，甚或騷擾的源頭，也是我們多數人會盡量避開的情緒問題。可是經歷情緒和在激動的情緒下選擇做出某種行為，這兩者是不一樣的。我們可以接受情緒，至於情緒後面的行為，則不一定能接受。如果我們回頭去看前言裡的蘇和約翰之間的爭執，就會發現蘇看見約翰寫的告示後，其實是可以選擇使用其他表達情緒的方法。

不幸的是，她的選擇漸進式地造成團隊裡人際間的長期紛擾。如果當初選擇的是別種行為，結果可能大不同。

　　以下行為是人們聽到公司重整的公告之後，憤怒之餘可能出現的行為。他們也許會：

- 衝進老闆辦公室，展開激烈的爭辯。
- 跟每位同事訴說自己的憤怒，爭取他們的支持。
- 寫信給執行長，要求說明。
- 展開請願。
- 在下次團隊會議裡提出來。
- 開始找其他工作。
- 保持安靜，繼續工作，壓抑憤怒。

　　除此之外，還有其他無數選擇，相信你一定也有自身例子可以放進這份清單裡。當怒氣高漲時，我們會無法行使大腦裡的理性及邏輯能力。這時也往往是非理性行為和不被接受的行為發生的時候。要想有能力管理激動情緒，便得先知道眼前發生什麼事，再採取務實步驟，重新連結我們的理性思考。

　　憤怒情緒的處理能力和激動情緒的管理能力，其基石就在於你要先掌握情緒大腦的活動，知道該怎麼做才能避免情勢升高到沸點。現在就先讓我們探索一下大腦裡的情緒中樞。

一覽情緒大腦

　　情緒會在我們的大腦裡出現。了解它們出現的部位、這些部位是如何開發，以及它會如何影響大腦的其他部位，這對激動情緒的管理來說十分重要。你可以在圖5-1裡看見大腦的各部位。

圖5-1：人類大腦的主要部位

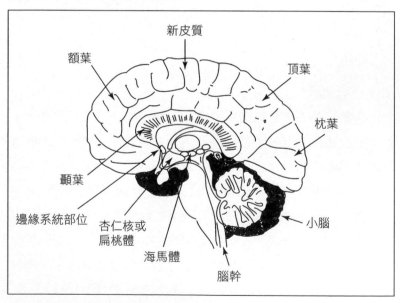

　　小腦負責大部分的運動協調功能，包括走路在內。它掌管的都是我們不用多想就能自動做出來的動作。

　　腦幹控制身體的自主系統，讓我們在不思考的情況下也能繼續保有生命跡象，包括心跳、血流量、消化和呼吸。

　　新皮質，尤其是在前額部位的新皮質，裡頭包含了邏輯、語言和推理等功能。這部位的大腦是人類和其他動物之所以不同的原因，所以非常特別。

　　大腦的中間部位是我們的情緒中樞：邊緣系統。我們的邊緣系統通常被認為和爬蟲類沒什麼兩樣，因為和其他部位比起來，它是屬於未被開發的部分。當我們檢視爬蟲類的大腦時，譬如鱷魚，會發現到它們沒有明顯的新皮質，但是它們有邊緣系統。所以鱷魚也有情緒。莫非這就是鱷魚會流眼淚的原因？

　　邊緣系統有若干結構，但我們最感興趣的是對專門處理情緒問題的部位：杏仁核。杏仁核的英文字 Amygdala 是 almond 的混和拉丁語。杏仁核是一個杏仁形狀的腺體，就位在邊緣系統裡，是處理記憶和情緒反應的重要角色。它和恐懼、憤怒、快樂等在內的激動情緒有很大關聯。

　　杏仁核是我們的快速反應部隊，不只是大腦的反應，也包括身體的反應。它就像一條絆線（trip wire），一旦啟動了，便止不住。杏仁核掌管我們的情緒、反應和行為。

　　兩千年前我們坐在洞穴裡，洞穴前面有劍齒虎徘徊，這時杏仁核會發揮作用，救我們一命。杏仁核會驅使我們行動……快速行動。杏仁核的反應速度被測出比思緒反應要快上八萬倍。遇到威脅時，我們的大腦和身體會在我們想到辦法之前先做出反應。「洞穴裡有劍齒虎」，於是大腦在思緒還沒運作之

前，杏仁核就先命令住在洞裡的人起身快跑。杏仁核掌控我們的軀體，我們稱這種現象為「杏仁核劫持」（amygdala hijack）。當我們精神失常時，就是因為杏仁核接管了一切，於是關掉一堆路徑，包括通往邏輯和理智的路徑。

在丹尼爾‧高曼所寫的《情緒智商》（*Emotional Intelligence*）裡，曾提到大腦的溫度梯度（temperature gradients）。當我們生氣或被激怒時，大腦的溫度會開始上升，到達一定溫度，杏仁核便開始關閉前額葉皮質區，於是我們停止理性思考。它也會關閉語言表達能力，所以在處於憤怒狀態時，我們會停止思考。有人說：「我氣到失去理智！」事實上，他們失去的是大腦裡最重要的部位。杏仁核劫持跟體溫過低有點像：當你受凍嚴重時，身體會把腿部的血液供應系統關掉，將血液保留給需要血液的重要器官。在面臨威脅時，杏仁核會升高溫度，關閉它不需要的東西，協助我們立刻行動。

在工作職場上，我們難得遇見劍齒虎走進辦公室。不過印象中，它的名字好像叫包柏（Bob）。

憤怒和悲傷情緒的管理

一般人在工作上最常試圖避開的兩種情緒是憤怒和悲傷。這兩種情緒升高時，都很難對付和管理。若想改善職場上的情緒管理技巧，這兩種情緒都值得你好好審視。

當人們的情緒升高時（譬如憤怒、挫折或悲傷），並不會

做出理性的決定（在生物學上）。激動情緒往往來自於中腦部位，也就是邊緣系統的所在位置。接著腦內溫度升高，阻斷了邏輯中樞。

面對憤怒時，該如何處理

如果你的員工正處於憤怒狀態或懷有敵意，千萬記住一點，憤怒通常不是直接針對你，而是和其中的過程或決定有關。別人或許是把憤怒的矛頭指向你，但那是受到中間過程或決定的影響。在這種情況下，你必須對當事者表示尊重，但同時要果敢溝通（assertive）具爭議性的問題。（我們會在第六章詳細討論何謂果敢溝通）。重要的是，你一定要理性，才能完美主導對話。

首先要保持冷靜。這聽起來平淡無奇，但如果我們能夠保持冷靜，不要讓溫度梯度升高，不喪失理智，就比較有機會進入理性的思考過程。因為一旦溫度升高，就會開始失去理智，然後對方也失去理智，兩邊都失去理智，最後出現不理性的對話……一場我們可能都會後悔的對話。

第二點是語調和音量不要大過於對方。夜店保鑣深諳此道。對保鑣來說，店裡今天會不會出事，從兩個地方可以看出來：今天是不是月圓之夜？還有門口的傢伙音量大不大？月圓與否，我們無法決定，但音量高低卻可由我們自己決定。

個案研究：在城裡尋歡作樂的丹恩

禮拜五晚上，丹恩待在酒吧裡。酒保告訴他，他喝得夠多了。他的反應是：「不，我還沒喝夠。」他開始發脾氣和行為挑釁，酒保於是通知安全保鑣。

保鑣穿過人群，走近丹恩說：「對不起，老兄，你喝太多了，該走了。」丹恩的回答是：「不，我還不想走，我才剛喝開而已。」保鑣提高音量說：「不行，我說你喝夠了。」情勢於是開始升高。

他們互相咆哮，不知道怎麼搞的，丹恩突然失去理智。事實上，喝醉酒的確很快讓人失去理智。他對著塊頭大到足以扛起汽車的保鑣大嚷大叫。

保持冷靜的保鑣其實也可以讓丹恩保持冷靜，這樣杏仁核才不會介入。

放低音量：聲調的角色

即便在升高的情勢裡，若還是能夠找到辦法與大腦裡的理性部位連上線，就能降低憤怒情緒所造成的行為影響。其中的關鍵步驟在於，以低於對方的音量重新進入對話。你可以想像在對話中，其中一人音量很小，另一人一直大聲咆哮著。咆哮者最後一定會覺得很不自在。對方若沒有以同等強度的音量回應，咆哮者通常無法撐太久。所以壓低音量和保持聲音的平穩，對方才會同樣回應你。

無線電靜默：停止所有對話

　　另一個技巧是停止對話。意思是所有對話。我們都知道，就算不發一語，也還是可以透過表情、肢體語言及目光焦點進行對話。所以即便不開口也一樣能說很多話。因此要停止對話，就得停止所有溝通。不要釋出任何訊息，要像沒寫字的空白石板一樣。

　　這方法可以立刻打斷過熱的場面。猶如無線電靜默（radio silence）一樣。當電台主持人漏了一個音軌或忘了開場時，這種突如其來的靜默會像沒有盡頭一樣，但其實只有一秒半的時間，可是影響之大，彷彿世界已然停止運轉。無線電靜默的瞬間效果很大，正好是個機會可以讓你改用小一點的聲音重新進入原本緊繃的狀況。先停止所有對話，再以小的音量重新進入。只要適當組合這些技巧，便能在必須理性的時候妥善運用。

去除個人因素和去污染

　　在第四章，我們討論過如何在對話中利用非口語溝通，尤其是利用注意力的引導來有效去污染和去除個人因素。包括三視點溝通在內的這些策略，特別能幫場面過熱的對話有效避免怒氣的擴大。

安全至上

　　在情緒激動的對話裡，雖然可以靠一些步驟和方法保持理

性，但難免會遇到理性行為被非理性行為取而代之的時候。事實上，在憤怒情緒下所展開的對話可能變得具有侵略性，而你的人身安全是最重要的。因此如果有人情緒極度不穩定，請尋求他人援助，盡量延期下次對話的時間和地點，直到確定可以理性對話為止。

處理憤怒情緒的幾個秘訣

以下訣竅和技巧可供你在職場上用來對付憤怒情緒：

- 保持冷靜但態度堅定。
- 音量永遠低於對方，別讓情勢升高。
- 為了讓對方有冷靜的機會，可以先暫停對話，等對方（或自己）夠冷靜了，再以降低的音量與對方對話。
- 要知道氣話通常缺乏理智，沒有事實根據。憤怒動用到的是大腦的古老部位，並未充分運用思考中樞部位。憤怒的情緒會使人無法接受那些傷人的事，而且並不真正代表當事者的感受。
- 如果有人情緒極度不穩定，請先注意自身安全。這不是嘗試理性對話的好時機，只要覺得人身安全有問題，就停止對話，暫時延期，直到確定對話有助於對策的產生，才展開對話。必要時，找第三人在場。

用同理心撫慰悲傷

　　許多經理人在面對職場上的眼淚時，都覺得很尷尬。因別人的眼淚而感到不自在，這通常純屬個人的感受。你可能直覺想阻止他們繼續哭下去，但這多半是為了不讓自己尷尬，而不是真心支持對方。但重要的是，你必須承認這種情緒的正當性，認可他們的悲傷。

　　說到要如何處理職場上的悲傷情緒和眼淚，最重要的一點是了解同情心（sympathy）和同理心（empathy）的不同（第六章會對這一點有更多的著墨）。同情心可能只是在言語上說：「我為你感到難過，」或「我很抱歉你遇到這種事，」但真正未說出口的訊息是：「還好是你遇到，不是我遇到。」同理心則是你可以與對方經歷的情緒有所共鳴。「看來這事真的令你很掙扎」，或者「這事對你來說聽起來好像很棘手」。當我們釋出我們的同理心時，也等於承認對方情緒經驗的正當性。

　　眼淚不是弱者的表現：是人性的表現。我們曾親眼目睹偉大的領導人透過眼淚訴說他們的熱情、軟弱和憐憫，引起我們莫大的共鳴。目睹別人真情流露的表現可以讓我們產生某種非言語所能形容的連結。對人心的羞愧和脆弱向來有研究的專家布芮尼‧布朗（Brene Brown）認為，我們的脆弱是人生圓滿的鑰匙。身為經理人、領導人和同僚的你一定要知道，不管是眼淚還是悲傷，都無可厚非。別擔心讓別人有情緒發洩的空間，也別擔心自己遇到類似情況時會有一樣的情緒。

處理眼淚的幾個秘訣

當你遭遇職場上的眼淚時，以下訣竅可以提供一些幫助：

- 容許對方哭泣，不必覺得自己有責任阻止他們。
- 拿衛生紙給對方，這是最簡單的同理心表現方式。這可以讓你有點事情做，同時也讓自己有機會向對方說：「哭吧，沒關係。」
- 在這種情況下，最簡單的安慰說法是：「沒事了。」
- 不出聲也可以，這可以讓對方有時間平靜下來。
- 你可以靠同理心的表達來接受對方行為的正當性，也許你可以說：「我知道你很心煩，」或「聽起來這對你的影響好像很大。」

結語

Avis 租車公司前任執行長羅伯特·湯森德（Robert Townsend）曾說過：「一個好的經理人不會試圖消弭衝突，而是盡量不讓它虛耗部屬的精力。如果你是老闆，員工認為你錯了的時候，敢公開告訴你，這才是健康的。」

工作職場上，難免得處理一些情緒問題。人們總會有悲傷或憤怒的時候，再不然也會經歷到上百種常見的情緒之一。要妥善處理激動的情緒，第一是先接納它，不要視而不見。唯有

先接納你所必須處理的情緒，才能夠預測、管理和處理，達成
當事者都覺得受到尊重的圓滿結果。

達倫 的見解

　　只要告訴我工作職場上有哪個團隊能以公開又有建設性的
方式有效處理高昂的情緒，我就能告訴你哪個團隊的績效最
好。

　　手段創新和敏捷的團隊和企業，為了成就遠大目標，多半
勇於質疑彼此的信念和集體現狀。這中間當然會有陣痛。行為
被挑戰或質疑，絕對有點傷人，但任何形式的成功都得付出一
點痛苦的代價。

　　工作職場上，更該講究互信，你要相信就算我說了什麼傷
人或令人沮喪的話，或者激怒了別人，屋頂也不會因此塌下
來。有太多的組織和團隊很怕挑起彼此的情緒。仔細想想，這
種行為就像在說：「我不相信你，」或「我不相信我自己。」兩
者都不是追求成功的好方法。

艾莉森 的見解

　　憤怒的處理和高昂情緒的管理，是兩個不可以逃避的問

　　題，所以讓自己具備能力去化解這些情緒，包括自己和別人
的，這一點很重要。憤怒通常是因為自覺受到傷害、不被看在
眼裡或被人貶低才出現。也許是覺得自己的話沒有人聽，或者
看法不受重視。然而傑出的領導人和經理人不只會在對方情緒
激動的時候傾聽他們的心聲，也會傾聽那些沒有說出口的話。

　　回想上次有人向你表達憤怒或沮喪情緒的經驗。對方在沮
喪什麼？什麼原因使他自覺受到傷害、不被看在眼裡、被貶低
或者被疏離？請設法用你自己的語言來表達你的理解與同情。
才能找到解決的對策。

西恩　的見解

　　每次我開始討論情緒，便忍不住對「批判」這種東西長篇
大論起來。我們很早就學會批判自己的情緒，尤其是乖戾的情
緒，卻不願接受它們本來的樣子。不管是在家裡或職場上，我
們都讓自己和別人覺得有情緒是不對的。

　　在面對過熱的情緒反應時，最重要的第一步是先視它們為
正常和合乎人性 —— 無須批判，只要接納，以務實態度來應
對。情緒的出現都有它的理由。我們必須趕在情緒激動之前盡
快了解背後的原因。如果你不願傾聽和回應自己的情緒，它的
聲音只會越來越大。同樣的，如果你不准員工的情緒發洩出
來，它也只會越來越激烈。批判行為，不要批判情緒，才能長
遠管理情緒問題。

本章摘要

- 傑出的經理人都很善於處理情緒。
- 讓別人擁有自己的情緒，千萬不要代勞。
- 感到憤怒和因憤怒而有所行動，這兩者是不一樣的。
- 在杏仁核劫持裡，我們會失去理性思考能力，所以要極盡所能地別讓杏仁核介入。
- 在處理他人情緒時，請先降低自己的音量，暫時停止溝通，去除對話裡的個人因素。
- 在面對眼淚時，不妨讓對方盡情地哭，以同理心安慰對方。要記住，眼淚不是軟弱的象徵，而是人性的象徵。
- 不要成為冷漠的領導人。以下是真理：無論如何都不可以毫無感情。

第六章

踢到鐵板怎麼辦？

善用果敢溝通策略面對抗拒和防衛，把需求直接說出來

從現在算起二十年後，你後悔的一定是沒做過的事，而不是做過的事。

——小説家馬克・吐温（Mark Twain）

你有沒有注意到這世界正在改變？而且改變速度很快！我們從來不曾像現在這樣必須更懂得適應變化、更有彈性，而且必須快速行動，才能趕上變化。過去六個月來，你的組織應該歷經過某種程度的變化，甚至可能仍處在不停變動的狀態下。但別擔心：這種現象現在算是常態，無須大驚小怪。

在這個快速變遷的世界裡，五年策略性計畫的概念已經消失，許多組織都明白這種規畫多半是猜測的。現在，我們很難保證整個商業環境在未來十二個月內會有何種變化，更遑論未來五年的事了。唯有作法彈性、思想先進、樂於接納和處理這類經常性變化的組織，成功才能可期。

但這說比做容易。

人類天生就抗拒改變。事實上，我們的生理系統運作方式是要我們保持現狀，亦即所謂的動態平衡（homeostasis）。人體會不斷調節生理系統來維持某種程度的平衡，譬如我們的體溫、體重、血糖、新陳代謝和荷爾蒙。

從基因的角度來說，我們的生理在設計上就是要抵抗體內系統的重大變化，設法保持均衡。

另一個不利改變的天生障礙是，我們都有防衛心——因此我們要保護已然熟悉的事物和做事方式。不確定的事物對大腦的生存本能來說是最大的可能威脅之一，因為在未知的領域裡大腦會不知道該怎麼做。人類總是設法抗拒改變，維持現狀，就算我們一點也不喜歡現狀。因為在不改變現狀的情況下，至少我們還能預期接下來會發生什麼事。未知真的太可怕了。

在快速變遷的世界和工作職場上擔任經理人及領導人的你，恐怕早已在工作上領教過各種抗拒、防衛和固執頑冥的行為。這一章會提供實用的方法，教你如何借助必要的關鍵對話移除人們抗拒、防衛和固執的行為，使他們願意改變，邁出成長的第一步。而這套辦法的基石就是有效利用果敢溝通的手段。但首先，我們先來好好探索什麼是鐵板問題。

抗拒的行為

要左右別人的改變，關鍵之一就是先改變他們的抗拒心理。

行為上的抗拒有很多種表現方式，有人可能只是拖著腳走路，表示他沒有幹勁去做該做的事。通常抗拒的行為都出現在變動期間，譬如工作流程的改變、工作角色的改變、團隊動力的改變，或甚至因經歷到組織重整、冗員裁撤和人員革職等這類重大改變（留待第八章討論）。

抗拒也會出現在人們的語言裡。「是啊，這聽起來不錯，可是……」或者「我只是故意唱唱反調而已……」像這類語言都顯示出人心不在同一條船上，他不是正在探詢更多資訊，就是在暗中破壞。

當我們遇到抗拒的行為時，通常會為我們所想要的改變本能地辯解，試圖以各種理由來說服對方相信改變是對的。

雖然你的論點或決策可能都有根據，但這些對話只會加深對方的抗拒心理，因為他們覺得自己的心聲沒被聽見，沒人了解。你有沒有過這種經驗：你試盡各種方法想說服別人從你的角度來看這件事，但到頭來只是令他們更抗拒。

個案研究：香儂與比莉

身為團隊經理的香儂在每周例行會議上提到工作分擔和合作的重要性，希望團隊能更有效率地解決顧客的問題，尤其是在員工休假或離開辦公室的時候。她要求大家下禮拜坐下來討論一下彼此的案況和進度。

　　比莉很抗拒，不願向團隊簡報她的案況，她說這會浪費寶貴的時間，尤其現在正是忙的時候。於是香儂為自己的決策辯解，試圖說服比莉同意她的觀點。她把理由悉數解釋給比莉聽，何以團隊合作對團隊效率來說很重要。

　　比莉卻堅持自己的立場，這場對話很快變得針鋒相對，雙方各自抱著自己的觀點不放，話題一直在原地打轉。

　　開完會後，香儂才恍然大悟在對話裡辯解自己的立場，根本沒用，於是決定再去找比莉，但這次帶著冷靜的態度，不再光顧著辯解自己的立場，而是放下身段去了解比莉的觀點和考量。

　　結果比莉向香儂坦誠她現在有個棘手案子令她倍感壓力，她的工時已經很長，如果再另外開會，只是徒增她的工作量而已。這場會議下來，香儂這才明白比莉的抗拒原因何在，於是先幫忙解決她手邊的棘手問題，設法暫時減少比莉的整體工作量，直到那件棘手案子結案為止。這時比莉才說她現在終於懂為何讓團隊裡的人了解彼此的工作量會很有幫助，於是同意那禮拜找時間坐下來和其他團隊成員好好談一談。

　　與其為自己的立場辯解，倒不如先去了解抗拒背後的原因，才能解決抗拒的行為。

抗拒的理由

除了我們天生會本能地抗拒改變之外，抗拒的理由其實還有很多。可能是因為類似策略曾經用過，根本無效，於是產生懷疑。也可能是因為這個改變威脅到他們的工作權。

抗拒心理普遍發生在當人們的工作起了變化，或者預期會有變化時。多數人都會出於本能地擔心那些即將實現的策略手段，包括工作角色可能改變；工作量可能增加；自己的工作或部分工作將派給他人來做，或甚至加重工作責任，就像個案研究裡比莉的抗拒心理一樣。

許多人對工作都有強烈的身分認知：他們的工作內容關係到他們的身分。你一定也碰過剛認識新朋友時，自我介紹一完畢，第一個問題通常是：「你在哪裡高就？」我們從事的工作直接關係到別人對我們的認知，以及我們對自己的認知。所以如果工作頭銜、工作量或責任有改變，一般人多半會抗拒。

抗拒心理的產生也可能是因為工作缺乏安全感，或者感覺工作沒有保障。當我們認定自己的工作和財務狀況不像我們所想的那麼有保障時，更是可能激化出防衛心理。

六十幾年前，心理學家兼《人本主義心理學期刊》（*Journal of Humanistic Psychology*）的創辦人亞伯拉罕‧馬斯洛（Abraham Maslow）曾主張人類的需求層級就像錐體一樣層層排列，我們必須先滿足一個需求，才能進入下一個需求（請看圖6-1）。

圖6-1：馬斯洛的需求層級理論

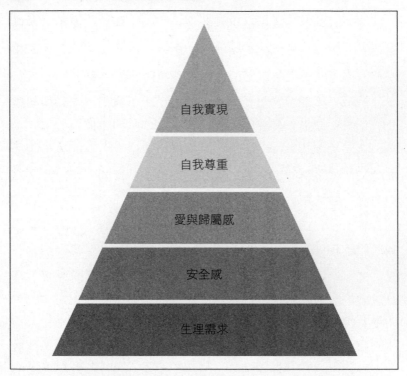

從馬斯洛的層級需求角度來看，我們有無能力為自己和家人提供足夠的食物和遮風避雨的居所，這是屬於第一層級的需求。如果工作上有什麼狀況可能威脅到這個需求，就會本能抗拒。要我們理性看待事情，或者在不考慮自身處境的情況下去思索任何事情，是不太可能的。

再往上移動，人類天生需要群體的歸屬感。這部分可以在

工作職場上透過同僚情誼以及團隊角色受到重視來獲得。要是工作上有什麼變化可能改變這種團隊動力；影響重要的人際關係；或者局限或禁止你與他人的連結，自然會產生抗拒。

接下來的層級則涉及到尊重、成就及需要感覺到自己對某項任務或專案計畫的稱職與精通。對有些人來說，這部分的工作成就感很重要，如果這個需求受到威脅，也會出現抗拒。

經理人和領導人若能了解抗拒行為背後的形形色色理由，就能掌握住職場上這類行為背後廣大的背景脈絡。但這種理解不是為了接納這些行為，而是徹底了解它們，以便更有能力妥善處置。

對付抗拒行為要先順勢而為

要對付抗拒的行為，第一個策略是先順勢而為。順勢而為的意思是不要列舉各種理由來證明抗拒的人何以不該抗拒。這種辯白方式看在一個不打算買帳的人的眼裡，只是一套推銷術而已。這時若是逼太緊，可能會讓抗拒者更堅持自己的立場，尤其是當他們相信自己站得住腳的時候。抗拒行為的管理是很難的。為了讓溝通有更好的成果，為了讓功能凌駕在自我之上，就算你是對的，也得放棄爭取「自己是對的」的這個權利。回頭看看香儂和比莉的例子，便可發現到香儂的決策其實是有正當理由的，而且立意良善，但還是得等到她放棄辯解自我立場時，才能和比莉坐下來好好談談究竟是什麼原因使比莉礙難照辦。先捨去自我，才能從對話中找到真正的問題和阻礙

因子，進而有效解問題，往前推進。

　　我們的目標是讓對方不再抗拒，願意接受改變。要達到這目的，得先給對方發洩的機會，讓他們的心聲被聽見，獲得認同。有一點你必須知道：你可以理解對方的看法，但不見得要同意。這尤其是經理人應該培養的管理技巧。稍後我們會探索同理心的力量，它能確保對方感覺到自己的心聲已被聽到。

強調對方的舉棋不定

　　抗拒行為的陷阱之一是有人持觀望態度。這種人還沒做出明確決定，不知該選哪一邊。這種情況如果拖太久，會造成緊張。優秀的經理人必須有能力讓他們停止觀望，做出決定。在作法上可以先強調舉棋不定的當事者正在經歷的矛盾心理和疑慮狀態。有個方法很有效，那就是強調對方的說法和行為之間的不連貫。譬如「我聽說你想和這個團隊合作，但我也感覺得到好像有什麼事情令你遲遲無法放手一博。究竟是怎麼回事？」

　　或者「你已經表示過你想接手這個專案計畫，有番作為，但是到目前為止，一點動靜也沒有。是什麼事耽擱了你？」

　　這些都是經理人和舉棋不定的員工之間的關鍵對話。他們會強調對方的矛盾心理，找出中間的障礙，促使對方確實做出決定。

共舞，不要強拉

　　處理抗拒行為就像跟害羞的舞伴跳華爾茲一樣。跳舞的藝

術之一就在於帶舞，可是如果對方抗拒，最有效的方法（而且是很優雅的方法）是，當你的舞伴退縮時，跟著對方的舞步走，而不是一路強拉。等抗拒消失了，再主動帶領他們。

在職場上擔任領導工作，一定要有自信，但千萬記住，如果手段嚴厲，只會造成兩種結果：

- 夥伴不情不願。
- 難事全得自己扛。

在這種情況下，跳舞就不好玩了。

防衛行為

我們曾經說過防衛力是人類行為裡一個重要的驅動力。當動物感覺到別無選擇或選擇權受到局限時，便會自我防衛。在職場上，這相當於被逼到死角，沒有轉圜餘地。人類的行為幾乎跟其他動物無異——只是不會嗥叫和露出尖牙罷了（正常情況下）。

通常防衛行為裡的核心情緒就是恐懼：可能是對未知恐懼；對不確定的未來感到恐懼；或者對於自己的沒有選擇感到恐懼。

要小心也許是有很強烈的外來因素助長了對方在工作上的防衛心理。當事者可能得負擔全家生計，必須靠這份工作來讓家人衣食無虞。

　　如果防衛行為是為了保護自己免於威脅或攻擊，那就要先有效處理防衛行為，不管此威脅或攻擊是真有其事還是憑空想像，當務之急就是先減少伴隨它們而來的恐懼元素。

化恐懼為自信

　　根據《紐約時報》暢銷書《關於管理你必須知道的一件事》（*One Thing You Need to Know*）作家馬克斯・巴金漢（M arcus Buckingham）的說法，領導統御有三個準則，其中之一就是要能夠化恐懼為自信。抗拒、防衛和固執行為往往源自於恐懼與害怕。

　　自信是最具感染力的，特別是領導人的自信。自信的展現必須不造作，而且令人信賴，但絕不是那種盲目樂觀。尤其在面臨變動和不確定的狀況時，領導人的言談舉止若能展現自信，更能發揮影響力，達到服眾的效果。所以我們要如何化恐懼為自信？試試以下三個秘訣。

撥雲見日（Clear the road）

　　要化恐懼為自信，方法之一是提出令人信服的共同未來願景。身為領導人的我們往往胸中自有丘壑，卻不向他人解釋清楚。當人們對一切都不確定時，很容易產生恐懼。為了讓他們寬心，將注意力擺在你所看見的願景上，你必須為他們提供詳細的背景。讓他們參與討論，了解為何你有此願景，願景內容

是什麼，以及如何達成此願景。然後再進一步地在願景下建構自信，從聽覺式溝通進入視覺式溝通。繪出流程作業圖或模型。這有助於人們確定自己的角色和工作責任。

心存感激

在所有情緒裡，心存感激常被形容為最健康的情緒。如果你想維繫一段可以信任的健全關係，就應該好好利用心存感激這個技巧。與其單純要求他人負起責任，倒不如試著感激他們的參與、他們的技術，甚或他們謹慎行事的態度。感激可以使對方感受到你對他們的信心，也使他們重拾自信。

強調好的一面

如果有人自覺像站在十公尺高的跳水高台上，而你卻臨門一腳地用令人難堪或刺激的語言推他下去，他一定沒辦法很快再回到同樣位置，而且會拚死抵抗。

有時候接下一個新的工作任務，就像站在跳水高台上一樣。長遠而言，用鼓勵和讚美讓當事者自己決定一躍而下，而不是在焦慮的防衛狀態下被迫跳下高台，才能幫助他們建立自信。心切求快，反而得不償失。

固執行為

有些人格特質是某些工作所希冀的。譬如有人拘泥細節，

事事要求完美，這種人你最希望他們來幫你處理退稅、駕駛飛機或幫你的親人執行外科手術。但這種人格特質的人並不適合在充滿變數、創新、講究創作力或強調問題解決能力的環境下工作。拘泥細節只會害他們計畫趕不上變化。

　　說到固執這種人格特質，在某些情況下會受到高度尊重，但在其他情況下，卻可能危害團隊作業。

　　若仔細研究固執行為，不難看出固執和表達力有密切的反比關係。換言之，人們行為固執時，可能是因為不知道如何透過語言表達感受，於是拒絕讓步。由於（在某些特定情況下）化思想為語言的能力不足，於是關閉和減少所有溝通窗口。

　　因此在遇到固執行為時，請先考量以下三點：

這不是針對你

　　別把固執的行為當作是針對個人，它絕不是針對你。就這麼簡單。有時候在遇到固執行為時，我們會先在心裡跟自己對話，這種對話大多以自我為中心。問題是把固執想成是針對個人的行為，只會製造不必要的麻煩。固執是一種人格特質，可能早在你遇到他們之前，便已經養成。再重複一次：「它不是針對我。」

找到共識

　　檢查一下你和對方是否有共識。固執通常和對話有關（內心的對話和對外的交談），所以一定要先確定雙方都很清楚眼

前的主題和策略。很可能你一直在使用雙視點溝通（誠如第四章所討論），把言語當成首要溝通媒介。這種溝通方法的問題是，只有百分之二十的人能完全透過聽覺管道吸收資訊。所以我們的建議是什麼？請使用雙方都能看到的視覺媒介（三視點溝通）來確保資訊的完整吸收。我們最喜歡用的是白板，不過就算只是一張紙也有不錯的效果。通常只要清楚表達你的重點，或盡量去了解對方的觀點，便能克服固執的問題。

在個案研究裡，香儂和比莉在團隊會議上的激烈爭辯是以雙視點溝通在進行，這使得雙方都自覺有必要為自己的觀點辯護。等到這場會議過後，香儂和比莉改用三視點溝通進行討論，才有了成效，她們在紙上寫下重要議題，才有共識的目標可以討論。這套方法比較容易讓她們有一致的共識。

小心自己的行為舉止

在面對固執行為時，沮喪或憤怒並無濟於事，只會讓問題更惡化。所以在面對別人的固執行為時，千萬要小心自己的肢體語言和情緒反應，務必保持冷靜。展現禮貌和友善的態度。不要低估行為示範的力量。

我們已經探討過防衛、抗拒和固執等行為，現在再來看看有什麼好方法可以處理這些鐵板問題。果敢溝通（assetiveness）可以在這方面達陣成功。

果敢溝通與同理心

果敢溝通是把你的需求和想法表達出來，但並非不計後果地一股腦兒托出，後者比較像是威嚇。

果敢溝通尋求的是雙贏，會把對方需求也考慮在內。在考慮對方看法的同時，也清楚表達你的想法、觀念和需求，這一點很重要。

傳統式的果敢溝通太強調所有權，尤其在言語上。我們會使用「我」或「我的」這類字眼強調所有權，雖然立意良善，卻可能把一個態度溫和的人變成小獨裁者。

雖然我們很重視自我需求的表達，但在果敢溝通的同時也必須放進一點同理心。同理心是自我需求的對比，備妥這兩種元素，才能構成果敢溝通的完美配方。

因此我們對果敢溝通的定義是：

果敢溝通＝同理心＋提出你自己的需求

套句《與成功有約》（*The 7 Habits of Highly Effective People*）的作者史帝芬・柯維（Stephen Covey）說過的話：「先試著了解，才能被了解。」

同理心——先試著了解

你曾否感覺到有人真的很懂你？你確信他們完全懂你的感受和想法。

這就是同理心：一種認同或理解對方心態或情緒的能力。這也叫做設身處地為人著想。

完全理解對方的想法是不可能的。但如果你有同理心，你就能夠更清楚地理解對方的問題何在。

同情心與同理心不同

常有人把同情心誤認為同理心，但很少與冷漠（apathy）混淆，後者的意思是缺乏興趣，毫不關心。同情心和同理心都是關心別人，但關心的源頭有別。

同情心是憐憫別人──希望看見對方過得比較好或快樂一點。它的說法通常是為某某人「感到遺憾」。但值得探討的是，它背後的真正意義往往是「我很慶幸倒楣的人不是我」，或者「我以前也碰過同樣情況」，這兩種說法都是以個人為中心。毫無疑問的，同情心是很好的人道特質，但就本質而言，同情心在乎的是自己而非對方。

同理心則是更深一層地去理解對方，分享對方的情緒。它是一種看事情的態度，設身處地地為對方著想。有同理心意謂你能夠感性地解讀對方，再以體諒的態度與對方有效溝通。

同理心就是讓步的意思嗎？有同理心就代表軟弱嗎？如果我有同理心，別人會不會踩在我頭上？

要是你也有這些疑問，那你應該重新認識一下這個字。

同理心不是脆弱或過度感性，而是理解別人的觀點。同理心不是一種軟弱，而是一種篤定。請參考以下的形容說法，或

許可以幫你重新認識同理心在職場上的重要性。

- 有同理心的人很善於看出對方的需求，並加以滿足，不管對方是顧客、同事、屬下或老闆。（這就是優質顧客服務的精華所在）
- 領導人必須了解手下的需求、抱負和動機，才能留住人才。（企業的成功來自於人才的保留）
- 在跨文化的環境裡，經常會發生誤解或溝通困難的問題。基本上這些問題都可以靠同理心解決，尤其要從肢體語言著手。（在全球化的世界裡，你的跨文化工作能力已經成了最基本的工作技能。）

以下三種說法總結了冷漠、同情心和同理心之間的不同：

- 冷漠是「我不在乎你有什麼感覺」。
- 同情心是「你真可憐」。
- 同理心是「看來你今天心情真的很不好」。

同理心的風格

同理心的風格包括：

- 真誠待人：人類天生可以嗅出關心的真偽。參與討論時，如果你不夠真誠，對方一定嗅得出來。釋出真誠的關懷。此外也需要你公開說出何以對他們的觀點這麼感興趣。
- 追根究底：若能更了解對方的處境便能產生更大的同理心。

● 毫不隱晦：當我們傾聽對方時，心裡常有許多共鳴，卻往往忘了大聲說出我們所看到的、所感覺到的和所聽到的一切。如果你無法將自己的感受和心情毫不隱晦地表達出來，對方就感受不到你的同理心，效果也會跟著打折。

言語裡的同理心

我們已經解釋了什麼是同理心，現在讓我們來看看如何在言語裡好好利用它。但不幸的是，就算你記得要表達同理心，但認知和語言之間卻存在著差距。換言之，我們可以感受到對方的反應和情緒，但在溝通上卻不合格。

大部分的差距都源於西方社會文化是以個人為中心：在多數的西方文化裡，我們會先強調個人的成功，社會其次。

這個現象遍及我們的教育系統、我們的運動和休閒活動、甚至我們的語言。澳洲原住民的文化和亞洲文化則完全相反：他們以社會為中心，鮮少或根本沒有同理心方面的困擾。

如果我們去調查在西方文化裡長大的人，請他們給我們一個同理心的說法，答案幾乎都是這樣的：「我看得出來……」或「我能理解……」

你注意到這中間的差異嗎？即便我們試圖要有同理心，第一個反應仍然是先談到自己——「我能理解……」！臨床教授提姆・厄胥伍德（Tim Usherwood）在他的研究報告裡討論了初級同理心和二級同理心的不同說法，以下就是經常使用到的一些語言範例：

初級同理心語言

我們來看一下一些極具同理心的語言——我們稱它為初級同理心語言（primary empathic language）。

同理心的範例問法是：

- 這對你的影響是什麼？
- 你對現在的狀況有什麼感受？
- 你對你的決定有什麼想法？
- 這對你的影響有多大？
- 你對這件事的立場是什麼？
- 還有其他什麼我應該知道的事？

同理心的範例表達方式是：

- 你看起來很沮喪……
- 看起來你好像……
- 聽起來你好像……
- 你看起來很困惑。
- 你看起來很氣餒。
- 不能完成這個專案計畫，一定讓你很氣餒，因為……
- 聽起來這段時間很棘手……
- 你最近經歷了很多。
- 這對你來說一定是很艱難的決定。
- 你似乎對這計畫感到不安。

　　初級同理心的共同點是，去除句子裡的「我」字，不強調自我，才能把焦點有效放在當事人和過程裡，而非你自己身上。

二級同理心語言（secondary empathic language）

　　等我們讓自己進入對話後，就可使用二級同理心的方法。當初級同理心的對話開始後，二級同理心才能發揮功效。

　　評估性說法包括：

- 我看得出來要你討論這件事很難。
- 我可以理解那件事一直讓你很挫折。

　　查驗性說法包括：

- 如果我說錯了，請糾正我……
- 我這樣說對不對……？

　　利用同理心的語言，更透徹了解同理心的概念，都有助於改進你對同理心的示範和表達能力。

果敢溝通等式的另一半是什麼

　　你的需求是果敢溝通這個等式的另一半。這部分也是多數果敢溝通訓練（assertive coaching）強調的重點——承認自己的需求。

有時候，雖然嘗試果敢溝通，卻未能說出個人需求，原因是不想表現得太蠻幹或太苛求，於是造成自己的想法難以被理解。果敢溝通的意思不是要你當好人，也不是當個讓人討厭的人。它要的是明確有效的成果。換言之，是給自己一個機會去為雙方製造雙贏局面。

幾個訣竅，教你說出自我需求

當你想讓鐵板問題的討論有所進展而提出自己的需求時，一定要做到以下幾點：

- 果敢說出自己的需求和需要
- 釐清強度

果敢說出自己的需求和需要

當訊息被各方錯誤詮釋或未被充分了解時，溝通就會瓦解。所以你必須明確果敢說出自己的需求、需要或看法，要做到這一點，就得先清楚你的個人需求究竟是什麼。

果敢說出你的需求，這裡頭有部分是在承認自己的反應。你必須用到一些像「我覺得……」、「我認為……」和「我對這件事的直覺反應是……」這類措詞，而不是空泛或籠統地一語帶過。不敢提出自己需求的人，往往會搬出「老闆明天就要」或「法律上規定我們必須完成這個程序」等說法。這種說法可以讓他們自隔於需求之外，但其實最令人信服的說法還是

站在對方面前，告訴他們你需要什麼。承認你有需求，你要看見結果。

釐清強度

任何棘手對話都有其重要程度，我們稱它為強度（level of intensity）。對話的強度受幾個因素左右，譬如期限的壓力；一方的怠惰和另一方的不耐。華盛頓大學心理學教授瑪莎・林納涵（Marsha Linehan）從請求或拒絕兩種層面提供了一個很有效的強度區分法。表6-1將有助於你了解你需要什麼樣的強度來因應當時的狀況。

表6-1：請求或拒絕的強度

強度	請求的強度	拒絕的強度
高強度序列	態度堅定、堅持、絕不接受對方說不	絕不答應，絕不讓步
	態度堅定、反對對方說不	絕不答應，反對讓步
高強度與低強度的分界		
低強度序列	態度堅定、接受對方說不	態度堅定地拒絕，但會考慮
	猶豫、接受對方說不	表現出勉強的態度
	公開暗示，接受對方說不	表現出勉強的態度，但答應對方
	間接暗示，接受對方說不	表現出猶豫的態度，但答應對方
	不提出請求，不暗示	不管對方要求什麼，都照辦

來源：摘錄自 Skills Training Manual for Treating Borderline Personally Disorders by Marsha Linehan, The Guilford Press, 1993

你會注意到高強度的作法非常直接，毫無意圖改變我們的請求或拒絕態度。低強度就比較肯合作和彈性多了。高強度和低強度之間的明顯差別，是果敢溝通的基礎所在，方便我們有效運用。

我們已經探索過果敢溝通裡的兩個要素：同理心和你自己的需求。現在讓我們來看看如何在各種情況下整合運用它們。

解開果敢溝通之謎

我們都知道同理心強調的是「你」，也就是對方；而你的需求強調的是「我」。所以在對話裡還有一個我們不能遺漏的領域，那就是「我們」。這三個要素構成了我們所要的過程——鐵板對話裡的每次溝通都必須某種程度地呈現出「你」、「我」和「我們」這樣的順序。

情境的強度決定了資訊傳達的順序。

低強度

假設對話裡沒有太大火氣（一定是還沒進入協商的關係），也許只是年中的一場績效討論，或者商討某專案計畫裡各角色的責任。在這種情況下，你應該採用低強度手法。而這類對話的結構是這樣：

同理心的表達——自我需求的表達——對策的提出

換言之，**你必須先強調「你」，再換成「我」，最後是「我們」。**

以下是這種強度說法的幾個例子：

- 「這專案計畫對你來說很重要（同理心），但我也有必要表達一下我的看法（自我的需求）。我們必須先有共識，否則恐怕無法很快達成目標。如果我們能一起努力，我相信我們可以交出一個很有品質的產品（對策）。」
- 「你很沮喪這次顧客意見調查的結果不佳（同理心），身為你的值班組長，我也很難過（自我需求），但是我認為我們可以找到更好的方法來改善未來的服務品質（對策）。」

高強度

現在讓我們看一些強度較高的對話。這時候可長期合作或討論的時機已過。也許對話的對象是一個對先前要求不太在乎的人，或者是在討論長期被忽視的職場健康和工安程序問題。這時可能需要用到高強度的對話。

這類對話的結構應該是這樣：

自我需求的表達──同理心的表達──對策的提出

換言之，**必須先強調「我」，再換成「你」，最後是「我們」。**

以下是這種強度說法的幾個例子：

- 「今天在團隊會議上我很難過你們對我說話的方式，我覺得這有傷我的威信。我不希望同樣事情再發生（自我的需求）。目前聽起來好像你們覺得我對 ABC 計畫的決定方向和你們想像的不太一樣（同理心），但是我們在董事會面前一定要有一致的立場，否則這個部門的預算恐怕會被腰斬（對策）。」

- 「對我來說，為這個專案計畫貢獻點子，是非常重要的（自我需求）。當然這個專案計畫對你來說也很重要（同理心）。所以我們必須將點子整合起來，否則恐怕無法交出最好的產品（對策）。」

雖然我們是在句子裡落實這套理論，但實際運用時，強度是反映在你所花的時間而非句子上。舉例來說，你有十分鐘的時間和一名部屬解決一個問題。於是你可能花三分鐘的時間強調同理心（你），兩分鐘的時間強調自己的需求（我），再以共同對策（我們）來結束談話。

找到平衡點

利用這裡所教的果敢溝通方式來幫助自己達成棘手對話裡所需的平衡。不管問題多嚴重，都可利用同理心；不管情勢多敏感，都要勇於表達你的需求。挑出所需要的強度，再運用適當的對話結構。

這兩個元素一定要涵括，再以「我們」作為結語或對策，

這樣一來，鐵板問題的解決對你來說指日可待。

結語

一九三三年，正當美國一頭栽進史上著名的經濟大蕭條的時候，羅斯福總統在他的就職演說裡說了一句著名的話：「我們唯一需要恐懼的，是恐懼本身。」這話雖然激勵人心，但如果聽到的當下，你正在被恐懼纏身，恐怕會覺得很刺耳。但好消息是這些因恐懼而產生的防衛、抗拒和固執行為，是可以被轉化的。只要多費點心，再加上正確運用適當的行為工具，便能將恐懼化為勇氣，突破抗拒改變的重圍。

達倫 的見解

對上位者的抗拒，通常可以從過去的經驗學到，就某些個案來說，源頭可能來自於文化背景。舉個例子，在澳洲，有一種反獨裁文化：在人民的眼裡，領導者必須向低層階級的人先證明自己的能耐，而不是反其道而行。

所以第一先拋開自我，停止認定對方的行為是針對你，那是源自於他們自己的人格特質、過去經驗或文化。

第二，在你批評別人防衛心過強之前，先反省自己的行為，你是否也在向對方示範甚或引導這種行為？

艾莉森的見解

　　鐵板行為通常被詮釋成對方找不到動機來配合你，因此有人認為只要給他們動機就行了，於是建立團隊，試圖讓整個團隊都熱中於某項改變，卻反而造成團隊裡的成員更堅持自己的立場，毫無建樹，只有破壞。

　　這世上當然有一種叫動機的東西。要管理抗拒和固執的行為，關鍵就在於你要有能力找到這些人背後的動機因素，譬如有人抗拒某專案計畫、某任務或新的工作方向，或者你三次提醒他們務必和顧客聯絡，卻沒有照做，這時你就要去找出這種抗拒行為的背後原因——是什麼原因造成這種行為？找到人們背後的動機，遠比強行作業更具建設性。

西恩　的見解

　　變化是長年不斷的，人類對變化的抗拒也一樣。面對這樣的難題，最好的對策就是學習接納雙方想法。不帶批判的接納，純粹了解事實，尊重彼此，如此一來，才能冷靜回應任何棘手和鐵板問題。如果別人抗拒改變的行為令你難以接受，建議你逐行著手，另外做出應變計畫，訂定明確的標準，但也不要忘了在加速作業的同時，偶爾也要慢下腳步，對部屬多一點

憐憫，讓他們知道他們的感受是正常的。想要他們站在你這邊，其實沒有什麼更快的方法。

本章摘要

- 這不是針對你——這是他們自己的問題。

- 遇到抗拒，順勢而為。記住，這就像在跳華爾茲——有時是你帶舞，有時則得跟著對方的舞步。

- 強調對方的舉棋不定，才能催他們做出決定。

- 唯有幫助對方們走出恐懼，變得有自信，你的成功才幾近完美。分享你的願景，把信心注入他們的世界，強調他們好的一面。

- 不要強迫一個有抗拒心理的人立刻改變。利用同理心的方法與他們交談：了解他們的需求，也說出你的需求。

- 先尋求了解，才能被人了解。妥善利用同理心，它是果敢溝通的關鍵要素。

- 評估狀況和它的強度。如果強度很高，就用我、你、我們的順序，要是強度低，就用你、我、我們的順序。

第七章

遇到有人虛張聲勢

先了解背景再處理問題，把焦點放在找出對策上

過了二十分鐘後，如果你不知道誰是談判桌上的笨蛋，那麼你一定就是那個笨蛋。

——編劇家大衛·李維恩（David Levien）

布萊恩·考波曼（Brian Koppleman）

　　這就像玩撲克牌一樣，職場上總是有人精通虛張聲勢的把戲。他們的行為和談話常常前後不一、有害視聽、精心操作、暗中破壞。若想試著找出他們何時在虛張聲勢，何時說真話，其實挺累人的。

　　職場上的情緒操控（emotional manipulation）是個熱門話題。它熱門到市面上有大量書籍對它進行探討，程度之深入遠非我們僅以單章的內容所能涵蓋。不過有一點可以肯定的是，你在職場上面臨到的一些最棘手對話，十之八九都是因為有人在玩情緒操控的把戲。

　　工作上的情緒操控常令很多人受害，其中受害最深的是士氣、員工參與度、生產力和顧客滿意度。所以解決虛張聲勢這種問題就跟解決其他棘手問題一樣重要。在任何情況下，你或任何人都無法接受自己在工作上受到脅迫或屈辱。

　　為了幫助你弄清楚什麼是虛張聲勢，我們先檢視一下這種行為的兩種加害者、他們表現在外的行為、經理人對於這類行為的強化或扼制所應扮演的角色，並深度探討有效策略，以期處理情緒操控的各種外顯表徵。

兩種虛張聲勢者

　　學會辨別兩種虛張聲勢者是很重要的。不管何種職場，都有兩種情緒操控者，一種是惡意的（所謂穿著西裝的蛇），另一種是非惡意的（曾經受害的倖存者）。他們都會為達目的不計任何手段。他們是工作上的害群之馬，會危及周遭的人。但這兩種人是有差別的，這也意謂你需要用不同方式回應他們。

穿著西裝的蛇

　　第一種虛張聲勢者具有精神病態者的人格，他們是集蓄意、冷血、不擇手段、情緒操控於一身的典型代表。著名的精神病態專家羅伯特・海爾博士（Dr. Robert Hare）和組織心理學家保羅・巴比亞克博士（Dr. Paul Babiak）合著了一本名為《穿著西裝的蛇》（*Snake in Suits*）的書，專門描述商業世界裡

的精神病態者。根據海爾的說法，精神病態者會表現出一些人格特質，最顯著的就是他們完全缺乏善惡觀念。精神病態者沒有罪惡感，不會因手段傷人而踩刹車；他們也沒有善惡觀念，所以不會在意他們追求個人目標的同時所造成的間接傷害。此外他們極端自負，脾氣不好，喜愛追求刺激。

精神病態者的大腦似乎少了額葉的功能，這個部位負責情緒的處理和罪惡感及同理心的製造。所以精神病態者不會自問：「我為什麼想傷害別人？」如果這個舉動符合他們的目的，他們反而會說：「有何不可？」精神病態者通常都很聰明，很清楚規則，也會找到方法推翻規則。他們很小心脫身的方法，鎖定可以欺負的對象，一找到機會，絕對占盡那人或當下狀況的便宜。要處理精神病態者所製造的問題，最麻煩的地方就在於，他們沒有罪惡感，所以即便是在一個你很難想像有人敢說謊的情況下，他們也可以臉不紅氣不喘地靠說謊來擺脫困境。

你有沒有這種經驗：你和同事、老闆或直屬上司互動完之後，總覺得自己很糟，工作成果不佳好像都是你害的，即便你很清楚這事根本不該由你負責。也許你負責的只是一份報告，但一開始並沒有人告訴你該提出這份報告。又或者你把某樁任務指派給某人，對方向你再三保證會處理得很好，最後卻發現這工作根本沒人做，結果害你成為眾矢之的。而且不知怎麼搞的，你竟也開始相信成果不佳，錯全在於你，即便這根本與你無關。更過分的是，那個真正該負責的人竟說服別人相信他才

是整件事的受害者。如果真遇過這種事，你碰到的恐怕就是精
神病態者。

找出工作職場裡的精神病態者

　　這不容易。根據估算，每一百個人裡頭就有一個，你的職
位越高，遇到的比例恐怕也越高。我們認同海爾和巴比亞克的
建議，他們要我們小心工作職場上的精神病態行為，我們將他
們的建議做了一些總結：

- **他們樂於邀請你參加他們的同情派對**。精神病態者絕對會
  一再請求你的原諒，他們可以搬出無數種理由來解釋他們
  的欠佳行為或不良績效，而這麼做純粹是為了博取你的同
  情，之後再繼續重複同樣的行為。

- **他們的情緒顯得不協調**。譬如有人受到傷害或身體受傷
  時，多數人都會出現情緒反應，但他們卻沒有任何情緒反
  應。再不然就是他們所表現的情緒和當時的情況完全不
  搭，譬如有人遭遇坎坷，他們卻哈哈大笑。

- **他們的行為像寄生蟲一樣**。精神病態者會把工作都丟給別
  人做，自己在旁邊納涼，但最後又把別人的功勞攬在自己
  身上，若犯了錯，便推諉責任。

- **他們騙人的伎倆高超**。他們很會撒謊，但也很聰明，會在
  謊話裡加一點點真話，這樣一來便能為自己辯解。

- **如果他們自覺個人魅力夠管用，就會大方放送**。當他們自

覺個人魅力可以幫助自己達到目的時，就會在辦公室裡巧妙施展，這時你就知道誰是精神病態者。但只要不再具有利用價值，他們也會很快將對方從好友名單裡剔除。

- **他們非常高傲**。精神病態者從不介意在言詞間吹捧自己。
- **他們推諉責任**。他們從不認為是自己的錯，而且很會找證據來證明那是別人的錯。
- **他們很愛冒險**。你不會看見這些人重複在做一些無聊的工作，他們在公司裡常撈過界，而且都是用不可靠的方法撈過界。
- **他們喜歡追求權力**。精神病態者似乎都渴望出人頭地，不過他們在乎的是位階的高低，而不是有沒有機會為公司帶來正面氣象或對公司有所貢獻。

這份清單是個好的開始，不過我們要提醒你，這裡頭描述的任何特徵或行為，都不足以拿來當成是你遇到精神病態者的證明。就算你知道有誰符合其中一兩項行為，也不代表他們就是精神病態者。建議最好留給專家來診斷。不過有個方法很有幫助，你可以計算精神病態行為出現的次數，如果發現吻合這份清單的行為越來越多，就要格外小心。舉例來說，可能有個直屬長官當面告訴過你，配合大客戶的作業是他們的工作。但後來你發現這客戶沒有人管，而那位直屬長官又只是滿不在乎地說，他們的確有配合客戶在作業（撒謊），但對方不太可靠；或者他們把這工作指派給團隊裡的另一個人去處理，可是

那人沒有按要求行事（也是在撒謊）。而且精神病態者通常不會在這裡打住。他們可能會搬出一些無法證實的證據，裡頭攙雜一點真相，譬如他們記得曾和某位同事好好談過，要他多少幫忙處理客戶的後續配合事宜。在談到這種事的時候，他們的態度意外地淡定，可是事情其實已經很嚴重了。

簡單的說，這種經驗讓你覺得自己好像被困在一堆含糊的說詞、奇怪的行為和矛盾的情緒反應裡，對方的表現似乎完全事不關己，即便這對公司業務來說是很嚴重的事。

如何對付穿了西裝的蛇？

如果是個貨真價實的精神病態者，恐怕無法指望對方改變行為，因為他們的腦袋構造和你的不同。海爾博士告訴我們，監獄裡的精神病態者不可能改過自新，企業世界裡的恐怕也一樣。在面對精神病態者的時候，你可能犯下的最大錯誤就是陷進他們的世界裡。若是你想從一個正常人角度去了解他們，尤其是罪惡感的部分，又或者如果你花了很大力氣想去改變他們，恐怕到頭來只會挫折連連、心生懷疑和滿腹焦慮。海爾博士提醒我們，這類可怕的人物非我們所能應付，但如果你曾試圖改變他們，卻失敗以終，好處是你終於知道這不是你的錯。看來要對付精神病態者的最好辦法其實很簡單：

- 如果能認出他們，千萬別雇用。
- 可能的話，盡量別和他們有任何瓜葛。
- 和他們合作時，一定要畫清楚個人和專業的界線。

- 不要指望他們有正常的表現，也不用寄望他們會有合理的行為。

受傷的倖存者

第二種情緒操控者有時候幾乎跟精神病態者一樣難纏，但也不全然如此。就像精神病態者一樣，第二類的虛張聲勢者往往有同樣通病——為達目的，不擇手段——而且使用的方法可能傷到人。然而這些人所造成的傷害通常是因為他們行動的時候沒有考慮後果（太過聚精會神），絕非我們在精神病態者身上看到的那種惡意。好消息是，他們有改變的可能。如果你了解他們的行為模式，可以運用一些棘手對話裡的工具來牽制他們。雖然他們的溝通常常令人不快，但至少你可以學著去掉他們對話裡的個人因素，或者利用別的方式與他們建立關係，展開有效但全然不同的對話。

在多數情況下，這些人並無意直接傷害他人，只是太沉浸在自己的世界裡（通常是因為沒有安全感），以致於他們不會表現出同理心，不會關懷別人。但這些人不像精神病態者是天生異常，他們的行為往往源於過去個人困境所日積月累下來的結果，尤其是在性格形成時期。小時候可能被霸凌過、情緒或肢體上曾遭父母或周遭有力人士的虐待，或者是某種創傷下的倖存者，抑或曾將某位令人生畏的人物視為自己的模範。這種人比你看到的精神病態者要來得普遍。大部分人可能都遇過這種老闆、員工或顧客（也許危機當前時，你也有一樣的行為表

現）。這些操控者的類型範圍很廣，從被動攻擊和害人心生內
疚，到靠威嚇及羞辱來行事，全包含在內。

受傷的倖存者和精神病態者之所以不同，就在於前者會在
某一個點上出現罪惡感（雖然你可能看不見），他們會釋出少
許同理心，而且如果心胸夠寬大，在工作上願意全力以赴的
話，對於好的指導，他們其實是有回應的。

工作職場上的類似例子是：一點小小的疏失，就把同事臭
罵一頓，譬如提案報告裡有字拼錯，結果把別人罵得好像都是
對方的錯，可是第二天又真心讚美對方事情做得很好。你在職
場上或許曾遇過這樣一個卑劣、脾氣很壞的討厭鬼，但在工作
以外，他們卻又熱心公益。

本章剩下的部分主要是談如何對付第二類的情緒操控者。
因為我們相信這類虛張聲勢者的良善面終會隨著時間顯露出
來，前提是你願意脫去為免受到攻擊、不願與他們正面打交道
的那層保護殼。現在就讓我們來看看一些有效的策略，教你如
何處理這些受傷的倖存者所製造的虛張聲勢問題，他們對人的
傷害和霸凌都是無意造成的。

情緒處理是條雙向道

要處理虛張聲勢的問題，第一個策略是負起你該負的責任。
情緒操控是一條雙向道。當你碰到這類有破壞力的操控和行為
時，你可以有選擇，而且一定有方法可以解決。我們相信在每

一次人際互動裡，每個當事者都得均分溝通的責任，包括它的傳遞方式和接收方式。對於你所選擇的溝通和反應方式，你絕對有百分之百的責任，而對方也一樣對他所選擇的溝通和反應方式負有百分之百的責任。儘管對方的溝通令人不太舒服，我們還是鼓勵你把重心放在清楚的目標上。這包括用一種你認為有用的方法去詮釋對方的溝通內容，即便是最慘不忍睹的部分，務必讓自己毫髮無傷，甚至可能因此開啟個人成長的契機。

　　舉例來說，我們有個客戶的團隊成員竟向部門主管舉發她，說她沒有幫經理們定期召開會議，儘管這種會議的召開根本不在她的職權範圍內。後來我們發現原來舉發她的人很懼怕她，因為對方最近的工作表現很差，深怕工作不保，於是想藉此轉移別人對他績效不彰的注意。我們的客戶第一個反應是自我防衛，於是在言語上辱罵對方，以報復他的不當舉發。

　　等我們和這位客戶共商了幾個禮拜之後，她決定改變方法，不再試圖為自己的立場辯護，不再將矛頭指向對方，而是選擇不去理會這位愛操控的團隊成員，專心在自我成長上。她決定把這件事當成自我開發領導統御技巧的契機，最後接下原職務以外的其他重要任務，可以全權負責管理會議。六個月後，她獲得拔擢，至於那位有問題的團隊成員則被開除了。

別拿你的人氣來冒險

　　領導人、經理人和管理者最常犯的嚴重錯誤之一就是他們

寧願部屬愛戴他們（或者說廣得人心），甚過於當個有能力的領導人，結果讓情緒操控者有機可趁。

你有沒有遇到經理人為了讓大家喜歡他而有點越過了經理／員工之間的那條界線？他們會在辦公室裡與人閒話家常，聊八卦，想和團隊成員更契合。但這只會製造問題。

其中一個問題是，這種關係會造成權力失衡，進而引起衝突與緊張。經理人的本分就在於必要時刻出面管理團隊成員的表現。私下關係若是太好，恐怕會讓你很難與成員討論績效問題。另一個麻煩是，這會讓情緒操控者有機可趁，遂行所欲：他們會為了自己的利益，伺機剝削你的權威。想要受人愛戴的這種心態很容易被人看出來，於是虛張聲勢者會刻意與你稱兄道弟，逢迎馬屁。但問題是他們會利用你們之間的友好關係來遂行一己之利，做一些你平常在辦公室裡不准下屬做的事情，逃過你的非難。

想受到情緒操控者的愛戴，就像玩撲克牌一樣，將手上的牌攤給對手看，再請教他們如何贏牌。通常他們會先讓你小贏一場，但等到牌桌上堆滿賭注時，便一舉攻下，將你打敗。

與其敞開自己，在從屬關係上讓步，試圖與團隊打成一片，倒不如尋求另一種方法與他們建立良好關係。

以下點子可提供一些幫助：

- 把八卦留給愛講八卦的人，提倡透明溝通。
- 若想要有人與你稱兄道弟，請把這機會留給同是經理階級

的同僚。

- 對所有團隊成員一視同仁，維持專業的關係（一般人都會想親近他們尊敬的對象）。

- 和工作以外的其他專業人士或經理人聯誼。

- 參加外面的人際關係輔導課程，以利自己的專業生涯發展。

經理人想與部屬稱兄道弟，受人歡迎，這其實無可厚非。我們並不是說你不能和你的團隊成員友好相處，而是建議你要保持一點距離，杜絕那些過於殷勤討好的部屬刻意的親近。畫下清楚的界線，保持角色的明確性，對所有部屬一視同仁，避免被伺機守候的虛張聲勢者挾持。團隊的建立，側重的應該是有利工作成效的部分，而非感覺良好的部分。

參與VS受人歡迎

我們在這本書裡不斷提到參與團隊這件事有多重要，所以當我們談到不要太在意自己的人氣時，似乎有點自相矛盾。但參與和受人歡迎其實有很大的不同。中間的差別就在於驅動因子上。如果你在乎和強調的是自己，你就是在追求自我的人氣，但如果是把重心擺在別人身上，你追求的就是參與。重視參與度甚過於自己的人氣，才會有更大的成就，不給情緒狙擊手可趁之機。

了解威嚇和屈辱

　　第一個重點是不要忘了我們最喜歡強調的一件事（第六章已經提過）：「這不是針對你」。這句話提醒我們，當人們使用威嚇和屈辱的手法時，就算是當面對你說，也只是在反應他們所經歷的過去，而非你對他們做過的事（雖然你感覺不到）。

　　要是這些挑釁、霸凌行為的加害者是精神病態者，只要記住，他們的腦袋構造和你的不一樣，所以千萬別去追問他們為什麼這麼做，或試圖修補他們的行為，而是應該想辦法杜絕這種情況的發生。

　　至於比較常見的非精神病態型操控者，他們不是有意傷害你（儘管他們也是為所欲為），他們的行為很可能是源於安全感的缺乏。對於這類虛張聲勢者，你可以提醒自己這類威嚇伎倆只是證明他們曾經備受折磨。像霸凌這類令人難以容忍的行為，多半是加害者為了保護自己所表現出來的行為，因為他們內心有很深的恐懼，深怕自己不夠好。但對你來說比較麻煩的是，他們恐怕並不知道自己非常缺乏安全感。所以就算當面點出，也沒什麼幫助。這種說法不是在幫他們的行為找藉口，而是要你看清楚這背後的原因。我們都知道，唯有了解真正原因，才不會以為問題全出在自己，你也才能更有效地出招。

個案研究：富有同情心的霸凌行為

我們有好幾年的時間都在處理一個執行長級的領導人的霸凌問題，認識他的人都知道他有這方面的問題。他的行為之所以被貼上霸凌標籤，是因為他會要求別人去執行一些很不合理的任務，然後在同事面前痛斥他們沒把事情做好。

我們從他身邊的親信得知，他其實很關心旗下所有員工（他只是不知道如何適當表達）。事實上，他常常因為擔心他們的工作安全而徹夜難眠。但問題是，他的行為是透過自我形象表現出來，這裡頭包含了一些他對自己的懷疑，包括他的帶人能力（這部分源自於童年的受虐經驗），所以雖然他不是故意的，卻企圖以一種自我保護的方式不想讓部屬看見他對安全感的缺乏，於是將負面的自我感受投射在他人身上。問題是他自行創造了一套集恐懼、威嚇及不佳表現的自我辯護系統，換言之，他對別人過於苛求，老在使喚擺布別人，用言語刺激他們，害他們沒有安全感，他們只好盡量躲著他，不敢接下重要任務，結果導致生產力下降，於是更證明了他飆罵他們的績效不彰不是沒有理由的。

這故事有了好的結局，這位執行長終於徹底改變，包括他自己和他的事業。在改變的過程中，他終於明白真正的問題在於他有很深的恐懼，這恐懼和他小時候遭遇的經驗有關。他學著將那件事放手，相信它不再纏著他。

> 他的個人轉變花了很長一段時間，大概有兩年多吧，而在此同時，我們也與他身邊的人密切合作，共同找出一些實用的辦法來解決他咄咄逼人的行為。

霸凌行為的處理

這裡有些訣竅可以幫忙了解和解決霸凌行為：

- **注意現象的不協調。**如果行為的表現和當下的環境是不協調的（換言之，過度反應、批評或否定），就要警覺到這人恐怕不太對勁，可能和你目前遇到的問題沒有關係，也和你個人無關。

- **揭開面具下的真相。**如果霸凌行為不像是精神病態（請參考如何找出職場上的精神病態者那個單元），那就努力找出這人良善的一面和可能的成長契機。別猶豫，清楚表達出你的這些想法，直接告訴對方和他們身邊的人你看到的契機是什麼。如果你看不到，他們自己更是看不到。

- **善用你所擁有的資源。**透過個人生涯的規畫和專業知識的培養來建立自信；接受領導統御和棘手溝通的訓練；聘請教練或顧問；當你被施壓者折騰得不知所措時，盡量避免捲入他們自身的問題裡；如果不想接下對方指派的任務，可以尋求更上級人士的支持。

- **在混亂裡創造契機。**當別人對我們有強烈敵意、反應或負

面回應時，常令人不知所措，開始自我否定。警覺到自己受到操控，這種感覺很討厭。但有一點很重要，不管操控者說什麼或做什麼，你都要提醒自己，你的痛苦感受可能都是來自於他們精神包袱的投射，而不是你自己的問題。下定決心逆勢成長，常常反問自己：我可以從這個經驗裡學到什麼？

● **如果你真的夠勇敢，請鼓起勇氣，給他們誠實的建議。**由於他們經常威嚇、操控和霸凌別人，因此鮮少有同儕或長官據實以告他們真正的想法。所以可能得選對時機、背景和溝通方法，直接向他們進言。如果他們懂得自我尊重，便會正面回應，最後也會變得更尊重你。

被動攻擊型行為的處理

情緒操控者是被動攻擊型行為（passive-aggressive behaviours）的高手。所謂被動攻擊型的行為和溝通就是有人在你面前滿口稱是，背後卻是另一套說詞。他們看似滿腹委屈，但是一結束和你的談話，就開始暗中搞破壞。當你要求被動攻擊型的人完成每季的同儕評鑑時，他們都會對你說「別擔心，包在我身上」，但接下來一整個禮拜卻逢人抱怨這工作有多浪費大家的寶貴時間，而且期限到了也不交件。他們沒有責任感害你在老闆面前裡外不是人。在他們這種暗中搞破壞的攻擊行為裡，其實潛藏著一種心理：「別想指揮我，我會讓你付

出代價。」

　　被動攻擊型行為很難管理的原因在於對方送出的訊息自相矛盾。這種行為不是公然的，而是暗中的，而且很容易變成「各說各話」的局面，造成混淆，使被動攻擊型的虛張聲勢者有機會規避責任。

　　當你碰到被動攻擊型行為時，最好的方法是使出一些關係到責任感的策略，譬如：

- **向所有團隊成員說清楚你的期望目標是什麼。**再三確定大家已經徹底了解你的每項要求。如果溝通不足，很容易讓行為不良的人找到藉口規避責任。

- **確定成員們一致認同某項工作要求的背景和目的。**任何責任制都是建立在成員的一致認同上。如果不先獲得成員們的同意，你很難要求他們達成什麼目標。我們有個客戶被指責沒有定時召開主管會議，與其事後試圖為這項指控找正當理由辯解，當初就該先匯集或以文件記錄經理們何以不想定期開會的原因和目的，這樣一來，這個責任就可以由大家共同承擔。

- **以白紙黑字來追蹤目標進度。**可以的話，請公開目標進度，若有任何工作上的要求，請以電子郵件追蹤確認其中內容。

- **要求對方提供明確的交件日期和時間。**模糊的期限只會給虛張聲勢者拖延的藉口。

- **堅守誠信原則，該你辦的事情一定辦到**。說到就要做到，這樣一來，在和不守誠信的人展開棘手對話時，你才能高他一等。

- **發現言行不一時，請直言指出**。如果對方說的是一套，做的又是一套，請直接向對方指出這中間的差異。譬如：「我記得你說過你可以在這禮拜完成同業審查作業，但是到現在還沒完成。我在想是不是有什麼問題？」很重要的一點是，這種對話最好用詢問而非指控的語氣。因為對方可能會自我防衛，但還是要鼓起勇氣，提出自己的疑問。

解決虛張聲勢問題的策略

不管遇到哪一類型的虛張聲勢者，以下幾個策略非常實用有效：

- **碰到難以解決的對話時，先了解它的背景，再處理問題**。在遇到虛張聲勢的對話時，會發現自己很容易陷進細節裡。細節的討論往往需要理性，但在情緒高漲的對話裡，理性已經蕩然無存。所以先專注在以大局為重的背景脈絡上，這可以幫助人們冷靜下來。等他們較有理性時，就會敞開心胸傾聽細節問題。舉例來說，假如你正在試著解決大家對提案報告上一些小錯誤的爭執，最好先別去分析錯在哪裡，而是先著眼在錯誤發生的可能原因上，還有何以

完美的報告對企業的盈虧來說很重要。

- **找出虛張聲勢者**。留意各種操控者的行為表現，才能以對策因應。精神病態的診斷非經理人的職責，其他人格障礙也一樣。不過還是得大概知道自己該如何處理。就算面對的不是精神病態者，也有相當多的挑戰得面對，必須用耐心和憐憫心去面對職場上的各種情緒操縱行為。

- **負起責任，別成為這類行為的幫凶**。小心別成為幫凶，讓虛張聲勢者繼續有機可趁。渴望成為辦公室裡最受歡迎的人物，這種心態毫無助益，只會讓操控者有機會左右你。專心當好經理人的角色，不必討好屬下。

- **霸凌行為並非針對個人，所以不要只看表面行為**。對非精神病態型的霸凌行為來說，背後一定隱藏著個人的悲慘故事。攻擊型行為只是將內在的痛苦投射在你和其他人身上。但這不是為了給他們一個可以霸凌人的藉口，而是要你從更深的角度去探索，才有可能了解和改變他們的不正常行為。

- **創造責任制文化**。負起責任，也要求對方負起責任。工作職場上的責任制要發揮功能，前提是領導者必須講究誠信。你必須能說到做到，操控者才不敢拿你的缺乏誠信來大作文章。除此之外，遵守責任制的遊戲規則——釐清、取得共識、做出承諾、追蹤進度——才能關上虛張聲勢者愛找碴的那扇大門。要記住，你要求的責任制是帶有同情心的。因為你要求別人盡責工作，而這種盡責態度的養成

對他們的將來有益無害，這就是同情心的展現。這就好比你想讓自己更健康，真正的好朋友會要你堅持健康的飲食，而那些放縱你吃垃圾食物的人絕對不是你的好朋友。

● **專注在對策而非問題上**。我們都知道我們之所以面臨棘手對話，是因為有些事情沒做好，但是我們多半會把注意力放在問題上。虛張聲勢者很會把個人和情緒化的問題搞得沸沸揚揚。比較有建設性的對話是，先別管那些情緒化的操控問題，而是把大部分時間都放在對策的界定上，幫助人們找到解決問題的方法。

結語

有句名言是用來形容撲克牌高手的：「你得知道何時該守住底牌，何時該蓋牌。」在面對各種不同虛張聲勢者時也是一樣。意思是不要放棄希望，盡力挽救非精神病態型的虛張聲勢者，但遇到真正的精神病態者，不必客氣，保持距離。

如果你不確定職場上是何種人格的人在與你做虛張聲勢的對話，最好的辦法是讓自己成為對策之一，而非問題本身。這並不容易。因為心態就像行為工具一樣重要。你需要把有利工作的因素置於你個人的欲望之上。意思是你要多花點時間和精力去了解工作上的人性複雜面，改變自己的行為。

達倫 的想法

我聽過客戶形容他的屬下：「只要不照她的意思，她就展開眼淚攻勢」，彷彿這是五步驟計畫裡的第四步驟。我想我的客戶一定認為他們的屬下在開會前八成都先對自己說：「等我們進行到第二十七分鐘的時候，我就使出眼淚攻勢」。

我們經常看見類似不擇手段的情緒操控。不過經驗告訴我，其實也不見得如此。當然，工作職場上有些人的行為的確令人無法理解，而且似乎應該受到指責。不過在多數個案裡，情緒操控只有一個簡單的理由：它很有效。

人們之所以使用情緒操控的伎倆，是因為它很有效，更可怕的是，也可能是因為你的緣故，它才這麼好用。所以這類行為之所以反覆發生只是一種因果關係。

因此最後還是得由你來決定你要接受對方的威嚇還是叫他們適可而止。

艾莉森 的想法

再異常的行為都有它的功能。我們在職場上所看到的情緒操控行為，背後通常都隱藏著傷害、恐懼和屈辱。雖然我們可能永遠沒機會找出這類行為背後的原因，但只要認清這一點，

就是一個向對方釋出同情的好方法（雖然有時候真的很難）。

要處理職場裡的情緒操控、被動攻擊型行為、霸凌和威嚇，就得先清楚自己的處理能耐，保護自己不受傷害。你的處理能耐其實隨時在變，端視你生活裡的經歷而定。要能很有自信且有把握地處理別人的行為問題，得先具有健康和良好的心態。傾聽你身體的訊息，積極追求你認為重要的目標。改變你的身體對生活經驗的反應方式，提升你的身體智能（body intelligence），才能處理得了那些虛張聲勢的問題。

西恩 的想法

我向來相信別人做事多半是出於好意。即便我們有時看到的表象很醜陋，但一定有什麼東西是眼睛看不見的。後來我在大學時修了海爾博士的法庭心理學，這才發現精神病態這種東西完全推翻了我先前的樂觀想法。

我雖然沒有因此放棄我對人性的正面看法，但我卻確學會了如何以不同態度來對付這些虛張聲勢者。我認為要處理虛張聲勢的問題，技巧就在於你要洞察得出對方不正常行為背後的可能因素。在挖掘別人優點的同時，也要做好接受打擊的心理準備。如果你做得到，才能改變組織，改造文化。

本章摘要

- 每次遇到虛張聲勢的問題時，先認清這行為不是針對你。情緒操控若非來自於異常的大腦（精神病態者），就是來自於受傷、痛苦和恐懼的經驗（受傷害的倖存者）。這是他們的問題，不是你的。

- 在任何一場互動裡，即便工作成效不佳是別人的錯，你也要對自己的所言所行負起責任。

- 在面對穿著西裝或裙裝的蛇（精神病態的虛張聲勢者）時，基本策略是盡量降低他們對你的影響。如果做不到，就盡量別跟他們接觸。如果連這一點也辦不到，那就專心在你的日常工作上，別被這些操控者拖進情緒漩渦裡。

- 要想有效地對付威嚇或霸凌行為，就得先不把他們當一回事，別認為這是針對你。別理會他們投射在你身上的負面情緒，如果覺得被剝削，鼓起勇氣尋求幫助。

- 要處理虛張聲勢的問題，需要你先向眾人釐清你的期望目標，要求大家負起責任，把重點放在問題的背景上而非問題本身。

- 在面對被動攻擊型行為時，先把責任制的參數設定好，加害者一越界，就立刻質疑他們的行為。

- 如果在職場上有人很挑釁，不要在問題的內容上和對方糾纏，尤其當對方情緒激動時。把重點擺在問題的背景上。

- 身為一名有影響力的人士，你的本事就在於你所採取的行

動上。從行動中建立自信，專注在以行為為主的對策上，
藉此強化自己、強化團隊，也強化組織。

第八章

組織重整、裁員、革職怎麼說出口？

透明誠實，以真誠和希望開啟對話

重點不在於領導人說了什麼，而在於他們做了什麼，坐而言不如起而行。

——作家佛列德·寇夫曼（Fred Kofman）

　　人們的角色總是和工作綁在一起。工作對某些人來說成了一種身分代表，對另一些人來說則象徵一種所有權。但也有些人得花很久時間才能在工作上界定出自己的角色。也因此組織的重整、冗員的裁撤、人員的革職，抑或個人的受傷或病痛，都會對職場上的工作者造成莫大影響，帶給他們很深的憂傷和失落。

　　精神學家兼暢銷書作家伊莉莎白·古柏蘿絲（Elisabeth Kubler-Ross）探索了醫療領域裡各種憂傷和失落階段，從很多方面去推翻既有的觀念。古柏蘿絲的研究成果出爐之前，醫院

裡包括醫生在內的員工，都被下令不准和病人談到死亡，甚至連死亡的可能性都避而不談。這是錯誤的執業方式，對臨終病人來說，尤其措手不及最後的結局。對那些壽命有限的病人而言，他們只感受到孤單、挫敗和不人道。還好古柏蘿絲的研究改變了這一切，醫療系統變得更有人性。

不幸的是，企業世界的運作方式仍像一九五〇年代的醫院。我們從不談論這三大難以啟齒的問題：組織的重整、冗員的裁撤和人員的革職。在我們應該開口關心的時候，卻避而不談這些措施所帶來的痛苦和瓦解問題。當員工工作可能不保時，我們更該妥善處理這些攸關憂傷與失落的問題。

旅程的規畫

工作職場裡，變化在所難免。但因組織重整、冗員裁撤或人員革職所造成的瓦解要格外小心。這種瓦解會製造出一些你逃避不了的對話，害人半信半疑或引起騷動，這些都尤其棘手。身為領導人或經理人所扮演的角色，就是要讓大家知道一切都在你的掌控中，但問題是這些決策往往不在你能掌控的範圍裡，所以你必須在混亂和自信之間，維持一種表面的平衡。這一章就是要探索一些方法，教你如何在這些難以啟口的領域裡安全航行。

這類難以啟口的問題都很嚴重，容易造成可怕的情緒騷動，但它們都有一個共通點：轉換狀態（transition）——從某

形式、狀態、風格、地方、環境或現狀換到別種形式、狀態、風格、地方、環境或現狀的一種過程或旅程。

　　在明確說出哪些策略可以幫忙我們處理這些事關員工卻又難以啟口的問題時，我們得先深入探討所謂的轉換狀態。

共同分母：轉換狀態

　　我們每天都在經歷轉換狀態：從睡著到醒來；從離開家門到進入工作場所；從與人為伍到獨自一人。當然這些轉換狀態都比本章要探討的三大難以啟口的問題來得容易和簡單，但基本原理是一樣的。發展心理學家李察・哈爾曼（Richard Harmer）擅長協助執行主管和組織找到他們的針對性領導（purposeful leadership，www.purposefulleadership.com.au）。根據他的說法，每種轉換狀態都有它的起點、中期和終點。以下是他的界定方式。

- **起點**。我們必須先承認，當一個現狀結束時，其中一些角色、期許、觀點、機會、利益或挑戰也可能隨之結束。
- **中期**。第二，在放棄眼前的現狀（舊的現狀）時，可能會覺得好像失去了什麼，於是對未來的不確定感到擔憂，也對新的機會感到興奮。
- **終點**。最後創造出新的開始或新的現況，隨之而來的是新的角色、觀點、機會、利益和挑戰。

圖8-1顯示了轉換狀態的過程。

圖8-1：李察‧哈爾曼的轉換過程模式

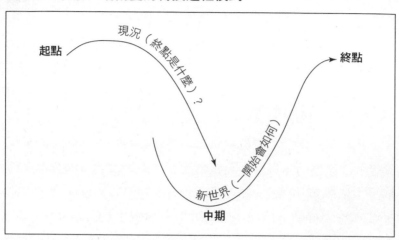

心態決定一切

　　所有的轉換狀態都有另一個共通點：被帶進這個經驗裡的態度或心態。轉換期所選擇的心態決定了一個人的面對和處理能力。身為經理人的你要有能力去影響這些人的心態，這對能否轉換成功，是重要的關鍵。現在就讓我們來進一步探索心態這個角色。

　　我們都曾經歷過一種受傷和失落的感覺，彷彿覺得自己不再坐在那張專屬於工作或事業的駕駛座上。從我們的經驗來看，曾歷經轉換過程的人，不管是工作角色或職責的改變（因為組織重整）、失去工作（因為冗員裁撤或人員革職），抑或不再有能力做這份工作（因為受傷或生病），有百分之八十以

上都會在轉換期過了六個月之後，發現自己的心情比一開始時開朗許多。這比例很高，也比我們預期的高很多。這些心情變好的人，都是用比較正面的心態去接納這個經驗——尤其是在轉換期的起點和中期。

　　你可能會想：「你們這些傢伙當然覺得沒什麼，但我正處在轉換期的中期階段，我的未來有這麼多不確定，你要我怎麼樂觀起來？」

　　我們同意你的說法。當我們處在中期階段時，也會有同樣感受。

　　不管你處在轉換期的哪個階段，以下方法很有幫助。這些建議都是來自於既有的常識，可以幫忙你打造新的可能和創造新的契機，讓你能更有自信地步上康莊大道，通往新的世界。我們的建議分成三個行動：

- 吹捧自己：這是轉化。
- 按下暫停鈕：這是放鬆。
- 創造一條通往新世界的康莊大道：這是適應。

　　圖8-2顯示出，當你的心態改變時，轉換模式也跟著改變。

激勵自己：這是轉化

　　想想看你過去擅長什麼？還有你真正喜歡做的是什麼？利用這兩個問題來自我激勵，為自己創造出新的世界，這就是轉化的核心。你要理性的反省，找出真正想做和真正擅長的事，

圖8-2：建立成功轉換的心態

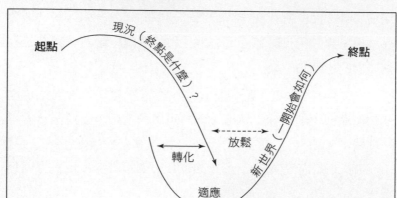

放手過去，找到自己的長處，大聲說出你對新世界的熱情、展望和成就，你會在其中發現自己。以下是轉化的四步驟。

步驟一是花點時間從過去經驗和成就裡尋找自己的長處。反問自己：

- 工作帶給我的喜悅是什麼？我真正擅長的是什麼？
- 我有什麼天分？誰的肯定曾讓我更相信這一點？
- 我具有什麼知識、技能、經驗和價值？在我的事業生涯裡我曾利用這些優點獲得過什麼成就？
- 對於以前扮演過的角色，我最欣賞的是哪一個？

在步驟二裡，你必須放手現有的工作和行為，它們對你來說不再有用，因為你要開始開創新的世界。反問自己：

- 我以前曾扮演過什麼我不喜歡或不想再繼續扮演的角色？
- 有哪些態度或心態對於即將展開轉換旅程的我來說不再有用？

在步驟三裡，你需要坦承自己的長處。我們經常輕描淡寫自己的長處，因為我們不想讓別人覺得我們過度自信或傲慢。但在轉換期間，這些社會規範已經不再適用。我們不需要再配合別人，畢竟，我們不用再和同一批人工作。所以現在是坦承自己優點的時候。你必須相信你對自己的宣傳，別人才會跟著相信。

在步驟四裡，你要大聲說出你的熱情和過去的成就。在心理學裡，有一個基本法則足以解釋多數人的行為：我們都喜歡親近令人舒服的東西，逃避不舒服的東西。簡單的說，我們追求快樂，逃避痛苦。

同樣道理適用在當你從舊世界轉化到新世界的時候。大聲說出你熱衷什麼，你能為別人做什麼，使大家感染到你的情緒。此外，秀出你過去的成績。想想看上次你去新車展示間看車時，銷售員一定曾立刻看出你對新車的基本需求，然後開始推銷他們自認吻合你需求的新車款。你也要學他們那樣對不知如何選擇的新聽眾介紹自己。

按下暫停鈕：這是放鬆

通常轉換旅程一開始就會令我們筋疲力竭，不是感到壓力

很大，就是過於擔心現在所面臨的轉換前置期，要不就是我們已經到達某種臨界點，彷彿手裡的球全都丟到空中拋接，快要撐不上去。

當我們開始轉換旅程時——尤其處於中期階段時——一旦不確定自己和別人的未來，可能會出現很多情緒。這是很自然的（就像稍早前提到的追求快樂、避免痛苦的法則）。

在這種情況下，我們往往試圖強迫自己做出決定或找出對策：「如果我能搞清楚眼前的狀況，我就知道接下來該怎麼做！」但顯然每個人的情況不同。如果可以的話，盡量避免匆忙進入另一個角色或工作裡。花點時間，放慢腳步。按下暫停紐。試點新的事物。譬如讀一本你平常不會挑來看的書，和不同的人聊一聊，擺脫你日常的生活模式，看看不一樣的電視節目，或花點時間獨自待在新的環境裡。

為什麼要這麼做？因為除非你有全新的經驗，否則你很難為你想要的新世界創造新的視野。少了新的經驗，你恐怕只能重建你已然熟悉但本來想放棄的舊世界。而且更重要的是，你需要在展開下一階段的事業旅程之前先休息一下，放鬆自己。

創造一條通往新世界的康莊大道：這是適應

想像你站在廣袤平原的邊緣位置，地平線的另一端，可以看到一座明顯地標正在向你招手美好的未來——全新的世界。可是沒有道路可以通往那裡，沒有路標告訴你怎麼去。你要怎麼辦？於是你徒步前進，靠自己走出一條路，前往你要到達的

目的地。

轉換的過程往往像這樣。身在未知領域的我們，猶如探險家一樣。我們需要即興實驗，隨時調整通往新世界的方向。邊做邊學。嘗試一些東西，衡量自己的進度，修正方法，再試一次。透過旅程本身，創造一張通往新世界的地圖。

沒有完美的道路供你通往未知的世界。堅持不懈，相信自己，全力付出，這是你能為自己做的事。

除此之外，還有以下幾個重點可以放進你的行囊裡：

- 忠於自己。

  如果在通往新世界的這段旅程裡失去了自我，失去了自己的主張，失去了熱情，一切就沒有意義了。

- 為你前往的新世界清楚勾勒出一個令人信服的願景。

  還記得稍早前提過的追求快樂，躲開痛苦的法則嗎？你想在新世界裡體驗到的願景，必須令你信服到（而且對你來說重要到）願意冒險離開安全的舊世界去追尋。

- 在通往新世界的路上，你必須不斷實驗、即興創造和調整方向及道路。

  在嘗試新事物時，很重要的一點是你必須抱著實驗的心態。一開始不可能立刻做到完美（如果有開始的話）。當然我們也想盡情享受這段旅程。但是在這場我們名為轉換的遊戲裡，唯有抵達終點才算數。所以先把你的基礎打好；建立有利於你的良好人際關係；把握機會請教令你困

惑的問題；和未知共舞；堅信未來的路會越來越清楚；只
要覺得眼前機會能讓你有所進展，就別推拒；持續探索，
直到理解為止——然後再做更多探索。

● 慶祝你的成功——不管大小。

我們都太專注在最後結果上，以至於忘了注意和慶祝這一
路上大大小小的成功（無論成就的大小）。這些慶祝對旅
程的維繫來說很重要。它們就像里程碑一樣記錄著我們一
路的成長。此外，也讓我們在自覺迷失的時候，有一個回
頭的機會。你可以自己慶祝，找別人一起慶祝，反正就是
要常常慶祝。

在心理學的領域裡，經常有人針對成功轉換的各項因素進
行研究。根據臨床心理學家，也是《希望心理學》（*The
Psychology of Hope: You can get there from here*）的作者史耐德
（C. R. Snyder）的說法，在生涯和事業轉換裡，有一個有效的
要素，就是懷抱著希望的心理狀態。史耐德認為希望具有兩種
元素：第一個元素是意志力，他將意志力定義為自我信念以及
想成為自我命運主宰的那股意念。第二個元素是方向的力量
（waypower），意思是對所欲未來有清楚的願景，再加上一條
可以通往它的清楚路徑。

李察‧哈爾曼提出了第三個元素，他稱之為渴望的力量
（wantpower），他認為可以靠它來處理難以啟口的問題：無論
我們身處何種情況或環境，若能循著一條可以實踐我們熱情與

理想的道路，便能有毅力堅持下去。在處理難以啟口的問題時（還有幫助別人處理難以啟口的問題時），堅守住這股渴望的力量，將能讓你的轉換經驗變得像是一種解放，而非可怕的經驗。也許有人曾對你說：「換工作對我來說是我這輩子最棒的經驗。」其實他們的意思是：「我已經轉換好了。」

　　深入了解轉換的本質及轉換對我們的影響（還有對員工的影響），是處理三大問題的基石所在。在面對難以啟口的對話時，同理心（請參考第六章）是很重要的工具。了解自己對轉換的反應是什麼，才能更領會那些正在面臨轉換的人的心情。

決定性時刻：涉及「終止」對話

　　對領導人而言，任何涉及「終止」的對話都統稱為「決定性時刻」的對話：由於要裁撤冗員或革職人員，你被叫去終止團隊裡某位成員的工作。這時你得先深吸一口氣。

　　這種對話需要有很高的情緒敏感度和勇氣。有趣的是，勇氣的英文 courage 是從拉丁文 cor 來的，意思是心。所以當你需要展開難以啟口的對話，終止某人在組織裡的工作時，先從心開始。注意你的心跳頻率。當你心跳得很快的時候，通常意謂你的壓力很大、很擔憂或很害怕。心跳加速時，有個技巧可以讓它慢下來，那就是開始計算你的心跳。它跳了幾次？在心裡試著讓心臟跟著呼吸來跳動或接近呼吸的次數來跳動。這樣一來，心跳和呼吸都會慢慢緩和下來，也能變得冷靜一點，較能

集中注意力。

在準備展開任何涉及終止的對話時，請先做好以下四點基本工作：

- 做好萬全準備。
- 據實以告。
- 只傳達訊息。
- 保有對方的自尊。

做好萬全準備

可以的話，對話前先花點時間做好萬全準備。為了讓自己在對話時能放鬆心情、完全專注和展現同理心，你需要先做什麼？可能是前一天晚上睡飽一點，或者找個你信任（和客觀）的同事聊一聊，抑或在對話前給自己一點獨處的時間冷靜下來。為了強化勇氣、提升情緒敏感度、忠於原則和忠實傳達訊息，不管需要做什麼，都可以去做。

你需要先讓自己冷靜下來和站穩立場，這場難以啟口的對話才能有成效。

據實以告

記住你即將展開的對話會使對方感到自己正在失去現況的掌控權。當人們自覺失去控制權時，多半會出現難以預料的反應。譬如，他們會自我防衛、憤怒、沮喪，抑或不發一語。

　　你要做的最重要一件事就是提供對方所需的所有資訊，讓他們在聽到這消息的同時，可以根據自己的詮釋做出決定。通常我們會幫訊息裹上糖衣，再釋出給對方，原因是我們想試著幫他們找下台階，也或者是為了保護我們自己。但這種作法只會剝奪你們雙方的權利。據實以告。告訴他們真相是什麼。包括眼前的情況以及所有相關細節。你甚至可能得預先針對一些問題準備好你的答案，才能做好上場的準備。

　　對於那些必須為自己的未來生涯和事業做出選擇的人來說，他們有權知道現況的真相是什麼。

純粹傳達訊息

　　據實以告之後，務必堅守訊息傳達者的本分。我們先前提過，當人們自覺失去控制權時（快速失去），往往會出現一些意料之外的行徑。他們可能想爭辯你這個決定的法律依據，或者和你討價還價，希望還有挽回的餘地。

　　想像你坐在火車上，軌道兩邊都是沼澤。想像軌道盡頭就是你的終點，而你所乘的車廂是你的主要訊息。在現實生活裡，如果遇到同樣情況，最穩當的方式就是待在車廂裡循著軌道前進。難以啟口的對話也一樣。如果你誤入沼澤，反而會變得很顛簸。反問自己以下幾個問題：

- 我希望我能從這場對話得到什麼結果？
- 我希望對方能從這場對話得到什麼結果？

- 假如能有結果，我希望對方能從這場對話裡接收到哪三個主要訊息？
- 我不打算和對方在這場對話裡討論什麼？

清楚知道和忠於你所希望的結果及主要訊息，才能確保你的對話不離題。

保有對方的自尊

當你展開難以啟口的對話，終止對方在組織裡的工作時，就猶如是在質疑他們的自我價值。在這種對話裡，你有一個很重要的工作：保有對方的自尊，讓他們在離開對話的時候，心裡想著的是：「這訊息令我沮喪，但是我的經理真的處理得很好。」

我們先前提到展開難以啟口的對話前，有三個重點必須注意。從我們的經驗來看，若你能確實遵守那三個重點，基本上就等於幫對方保有自尊。而首要原則是先設身處地地為對方著想，而且要記住，你說出口的話必須是你最想聽到的話，而且這些話要能據實呈現他們所面臨的處境，不會偏離你期望的結果和主要訊息。

有個好方法可以運用：讓他們從你的對話裡看見自己還有希望，還有路可以走。

百分之百透明

　　尊重對方，願意將所知的一切告訴對方，這才是真正的透明化。記住你的角色不是去承擔別人的情緒。假如你改變了團隊裡某個人所習慣的世界，卻沒有全盤托出真相，這意思明顯是在說，身為你的主管，我覺得你沒有能力處理眼前的真相。或更糟的是，我處理不了你潛在的怒氣。如果你只把一半的事實告訴對方，故事就永遠只說一半。所以除非你悉數托出，才算百分之百的透明。

　　講究刺探術的管理和領導統御方式，通常會說「我們先保留到⋯⋯」。這類過時的領導都是靠模型操演，深怕別人知道你的下一步動作。至於組織重整這類暗地進行的策略（這種策略會說：「我們先在會議室裡討論，保留六個月後再公開。」）需要好好地重新衡量。我們從來找不到任何研究足以證明這方法的有效性。通常都是因為管理團隊害怕，不知道該如何處理這件事的餘波效應才會刻意隱瞞。

　　決定別人的未來，絕對不是領導人或經理人的責任。別人有權力自己選擇未來。不管他們想離開或留下來，你都栓不住他們。事實上，如果他們感覺到你栓住他們，你猜他們會怎麼做？他們會撬開那把鎖。當我們公開透明地清楚傳遞我們的訊息時，大部分的人都會說，他們寧願被告知組織重整或可能重整的消息。即便這消息令他們沮喪，他們還是寧可知道，因為這樣一來他們才曉得如何因應眼前問題，而不是被矇在鼓裡。

個案研究：瓦爾多

瓦爾多是十人團隊的經理。他和旗下成員相處融洽，而他們也大多能達成任務目標和預算。

瓦爾多剛開完跨部會主管會議，從會議中得知他的部門面臨重整。在這個階段，他還不確定到時誰會遭受波及，或者整個團隊會不會受到影響。

雖然公司鼓勵經理人先和自己的團隊討論，但瓦爾多和少數經理人都決定暫時封口，因為他們想等到訊息更完整明確再告知部屬。

當他被問到為什麼不坦白告訴員工時，他的回答是：「我不想告訴他們不完整的故事。我想讓我的員工清楚全貌，我不想無端造成他們的壓力，害他們擔心，更何況這事也還沒一撇。」

對瓦爾多這個決定的評論

瓦爾多對他團隊的行為做了一些臆測，不願給他們主控權去面對即將變遷的環境——以這件個案來說，就是暫時扣住資訊，不告訴他們組織即將重整。

我們透過輔導課程，解開了瓦爾多做此決定的原因，發現這個決定其實來自於以下三方面的考量：

● 瓦爾多很疼愛他的團隊成員。他對每位部屬都有很深的

感情，他很喜歡他們，也很欣賞他們的工作成果。他就像是一位慈父一樣，對他們照顧有加，因此很想保護他們。他現在唯一想到的保護方法，就是先不要告訴他們這個壞消息。

● 瓦爾多喜歡當專家。縱觀他這一生，學校成績出色，工作表現出色，就連經理人這個角色也扮演得極為稱職。只要你遇到麻煩，任何時間去找他，他都會給你一個很棒的答案。如今他被要求去傳達一件他不知如何是好的訊息，他覺得他的自我認知形象受到威脅。

● 瓦爾喜歡被人愛戴。他的自負已經登場。自負不是壞事，但可能造成某種阻礙。瓦爾多喜歡那種被員工愛戴的感覺，自認是位好主管。這讓他感覺良好，然而這件事勢必得報憂不報喜，屬下對他的印象一定會打折，這使他倍感威脅。

瓦爾多的決定雖然是出自善意，但多少是以自我為中心，而不是為他的團隊成員著想。瓦爾多上完輔導課後才明白，他刻意擱置訊息的目的其實和他缺乏安全感及內心恐懼有關。因為如果他向這些情緒屈服，恐怕會破壞他和員工之間的信賴關係，而這是他十年來好不容易建立起來的形象。

最後瓦爾多為了尊重員工，將資訊全數釋出，授權屬下自行決定未來，從而開啟溝通的大門，而這是組織重建的轉換過程所必備的要素。

走過憂傷與失落

在經歷變化時，一般人會感到憂傷和失落。失落他們的未來不再有希望，憂傷他們和別人的關係即將起變化，同時也難過失去工作和不再有財務保障。古柏蘿絲對這個階段的憂傷情緒做了研究，讓我們能更有系統地了解一般人在經歷組織重整、冗員裁撤、人員革職或個人受傷或病痛時所面臨到的情緒。

古柏‧蘿絲的模式勾勒出個人在憂傷和失落時所歷經的五種階段。每個人的陷入程度和從一個階段步入另一個階段所需時間各有不同。如果有人陷在轉換的泥沼裡不可自拔，這個模式或許值得參考。

根據古柏‧蘿絲的說法，憂傷的五個階段是：

- 否定。
- 憤怒。
- 討價還價。
- 沮喪。
- 接受。

否定階段

在否定階段裡，人們通常會說「我很好」，或「這不可能，這不會發生在我身上」。

否定通常只是短暫出現的個人防衛心理，通常當他們高度

意識到這改變對他們和家人造成影響時，這種否定便會被取而代之。

但可以靠以下方法來幫忙他們度過這個階段：

- 舉行座談會，讓他們提出自己的疑問。
- 不斷透過各種媒介傳遞訊息。
- 讓人們清楚知道下一步是什麼。

憤怒階段

處在憤怒階段的人們可能會說：「為什麼是我？這不公平！」「這怎麼會發生在我身上？」還有「這是誰的錯？」

進入第二階段後他們便知道否定已經沒有用了。

以下方法可以幫忙他們度過這個階段：

- 去除這個狀況裡的個人因素（請回到第四章和第五章，複習我們所建議的策略）
- 將對話導向對策而非問題本身。
- 與其專注在最後結果是什麼，倒不如只專注在下一步該怎麼做。

討價還價階段

處在討價還價階段的人往往會說：「只要能保住這份工作，要我做什麼都可以，」或「如果可以的話，我願意減薪……」

在第三階段時，當事者往往希望能拖延這個改變。他們心

裡想的是：「我知道這改變一定會發生，但也許我可以做點什麼來多爭取一點時間⋯⋯」

以下方法可以幫助他們度過這個階段：

- 清楚表明事情不可能改變。
- 鼓勵對方要有正面心態，也許有什麼可行的對策是你還沒想到的。
- 幫助對方找到幫手、資源和可能有幫助的網站。

沮喪階段

在沮喪階段，人們很可能會說：「我好難過，算了。」「這是我唯一能找到的工作，這有什麼意義呢？」或「誰還會再給我機會？」

在第四階段的時候，當事者開始明白改變已成定局。基於這個理由，他們可能和原來的工作場所以及這裡的人切斷關係。

以下方法可以幫助他們度過這階段：

- 展現同理心，體諒他們目前的心情。
- 探索他們過去成功改變的經驗，藉此重新與人連結。
- 給他們時間消化憂傷和失落。

接受階段

在接受階段裡，人們可能會說：「一切都會雨過天晴。」、「我沒有辦法改變這件事，但我可以做好準備。」

在最後這個階段，當事者開始接受改變的事實，比較願意打開心胸接納未來的一切。

以下方法可以幫助他們度過這個階段：

- 引導他們展開行動，釐清思緒做出未來的決定。
- 提供協助，幫忙他們規畫未來的各種選項。
- 不管他們選擇什麼，都予以支持。

對正在幫忙屬下度過艱難處境的主管來說，了解憂傷和失落所必經的階段是很重要的。舉例而言，如果你處理一個正經歷組織重整的團隊，你必須能探測出團隊裡各成員的心情。他們各自處在什麼階段？有些人正處於憤怒階段嗎？也許有人很洩氣，也許有人急著揮別過去，想重新開始。每個階段都有方法可以因應。所以要先弄清楚，才能徹底解決轉換的問題。

瓦解才能創新

不管是組織重整、冗員裁撤，還是人員革職或者是有人受傷或患病，這些都會造成職場上近似人事地震的瓦解現象。工作上的瓦解所帶來的副作用是，你需要改用不同的方法來做事。以前有效的工作方法對已經起了變化的工作環境來說恐怕不再適用。在市場上有領導地位的組織多半會不嫌麻煩地自行瓦解原有的工作，因為他們知道唯有先瓦解，才能再創新。一旦人們進入接受的階段，便會找到方法去重新擁抱和充分利用

瓦解及混亂所帶來的契機。想想看有什麼機會是我們以前不曾嘗試的。這裡也是思想領袖會誕生的地方。

瓦解是一種生活重整的方式，它會讓我們想到：「我真正想做什麼？」還有「對我來說，什麼才是最重要的？」試想有個員工在公司做了十年，不討厭但也不特別喜歡這份工作。組織重整或冗員裁撤或許是個機會，可以讓他們放手追求一直想從事的工作。

在面對三大問題所造成的轉換過程時，請先試想一下這個經驗可能帶來的美好未來是什麼。試著反問自己以下幾個問題：

- 在變遷的環境下，有什麼機會是我以前沒想到的？
- 有什麼事情是我以前擱在一旁，現在終於可以去實踐了？
- 要是我們擺脫了……會發生什麼事？
- 有誰可以幫我從客觀的角度去看待眼前現況？

結語

三大問題所產生的瓦解現象相當嚴重。通常得靠擔任經理人去當信差，讓別人感覺到一切都在你掌控中，還得負責面對處理那些完全不在你掌控中的事情。但是說到三大問題所帶來的痛苦、瓦解和挫折，它們其實並不像我們想像的那麼可怕。

花點時間陪他們走過這些轉換階段，此舉可以幫助雙方熬過這段艱難期。忠於自己，慶祝成功，為未來的各種可能注入希望。最後結果也許會美好到超乎你的想像。

達倫 的想法

許多大公司在精簡人事或重整組織時常用這種伎倆：董事會或執行管理階層決定精簡人事或重整公司，於是要求大家保密，小心進行，等到最後一刻再宣布。

理論上來說，這種方法行不通，付諸實行時，更是慘不忍睹。首先，這事絕不可能被完全隔絕在會議室裡，一定會有人洩露出去。而且聰明人早在正式宣布之前便已看出事情起了變化。等到正式宣布那一天，辦公室裡早已充滿懷疑和不信任的氛圍，於是群起抗拒任何改變。反正這方法就是行不通。

執行主管就像任何人一樣會有情緒。一想到要扣住可能的壞消息，第一個情緒反應通常和恐懼脫不了關係：「我們擔心員工會怎麼做」、「我們擔心他們的反應會很負面」、「我們擔心我們的利潤可能受到波及」聰明的領導人不會在組織重整的時候對恐懼讓步：他們會克服它。

艾莉森 的想法

我曾在職業培訓界工作多年，幫助很多歷經大病和傷害的人重返職場，因此我親眼目睹過人生的瓦解也可能成為重生後勝利的搖籃。

　　我曾輔導過一名建築工人，他對自己的身分認知完全來自於他的工作。當他被告知因背傷而再也不能工作時，他的世界整個瓦解。

　　等我六個月後再見到他，他已經生涯轉換成功，人生從此改觀。他熬過了艱難期，現在是全職的房屋經紀人。他熱愛這份工作，新老闆也很賞識他，他的前途非常看好。他眼眶含淚地看著我說：「謝謝你，我真希望幾年前就做了這個決定。」唯有經歷過這種艱難期，才能讓我們看到以前不曾想像的未來。

西恩 的想法

　　當你看到別人因改變或轉換而產生情緒反應時，往往很想大聲吼道：「難道你們就不能撐一下，熬過去嗎？」工作職場上難免會遇到轉換這種事，你只是經理，別人的個人情緒反應關你什麼事？可是我們也都知道如果不幫忙他們，體諒他們，一定會造成很大的嫌隙和緊張，進而損害組織。

　　這裡有一條中道可行：當你帶領人們度過這三大挑戰時，與其忽視人性問題，或直接去找心理分析人員，最好的方式還是以不帶批判的態度對他們開誠布公。承認任何情緒反應都是正常的。你不必刻意幫忙他們修補個人情緒──你只要讓他們知道你是他們的靠山。

本章摘要

- 憤怒沒有關係，它只是憂傷和失落的過程之一，人們會很快熬過去。

- 務必對所有當事者傳達清楚、一致的訊息。如果狀況有變化，要立刻告知。

- 面對正在討價還價的員工，要清楚什麼事可以商量，什麼事不可以。

- 設定清楚的界線和期許目標，信任他們可以自行做出選擇。

- 身為經理人的你也可能像員工一樣受到組織重整或冗員裁撤的影響。所以也要誠實面對自己的經驗。

- 在下屬身上多花點時間和精力：這是支持他們度過轉換期的關鍵。

- 偉大的領導人會為美好的未來注入希望。在人們無以適從的時候，找到方法，帶給他們希望。

第九章

危機突然上門來

平常少規畫多練習，當下只掌控能掌控的事

危機時指揮若定，最能顯出個人特色。

——實用神學教授雷夫‧薩克曼（Ralph W. Sockman）

你也許聽過，當人們身處壓力時，最能顯出他們的本色。從心理學的觀點來看，預設反應（default response）是最常使用的大腦部位，在大難臨頭時就會顯現出來。問題是：在工作職場上的壓力鍋裡，出其不意的棘手問題層出不窮，你的預設反應可以發揮多大作用？你能妥善處理臨時出現的棘手問題，臨危不亂地交出好成績嗎？或者一遇到這種事你就分寸大亂？

危機代表的是某特定類型的棘手問題，通常都是出其不意地出現，難以預料，會威脅到重要目標或需要改變。

我們相信可以從三方面去建立危機應變能力，分別是：

- 如何應變危機。

- 事後如何處理。
- 如何做好準備，迎接未來危機。

在本章裡，我們會逐一說明這三點，告訴你如何在工作職場上活用它們，臨危不亂。

如何應變危機

危機處理的成功個案，鮮少是靠直接反應（reactive response）。能妥善應變危機的領導人，大多擁有一個共通點：他們會先以正確的思路來武裝自己，絕不便宜行事地靠直覺妥協。

要臨危不亂地達成所欲結果，關鍵就在於不放棄任何可能──當環境因素均不利於你時，你仍然願意挑戰自我，試圖找出各種可能的機會。

看見可能，才能自由揮灑

如果你看不到任何可能，想要成功達陣的機率將大幅降低。想像你的業務團隊只達成百分之五十的目標，再過兩個月，會計年度就到尾聲，這意謂這個部門可能重整，你們的工作可能不保。但是要達成預期目標，看來機會微乎其微，可是如果你和你的團隊真的相信這是不可能的，失敗便成定局。若在還沒嘗試之前，便先認定一切無可挽回，大腦會瞬間關掉所

有動力。為什麼？因為這是一個很簡單的求生機制——保留體力。在古代，饑荒發生的機率高過於大吃大喝的機率，因此人類變得很懂得如何保留體力。

不要浪費體力，這對生存和工作成效來說很重要。可是我們的體力關閉機制經常在我們不需要的時候自行作用。要有效應變危機（就像在最後關頭發現落後預期目標一大截），就得主動面對各種可能，抱持開放態度，發揮創造力，才能持續刺激大腦找到更有效的行動方案。

有家汽車公司在二〇〇八到二〇〇九年間遭遇全球財務危機，面臨國外辦公室關門大吉的命運，當年我們在輔導他們的時候，發現一群領導人都對未來幾年的成長抱持悲觀態度。坊間許多謠言（很合理的謠言）謠傳這家公司在那年的第二季就會倒閉。從過去的事件經驗、預測指標和不斷上升的成本來看，這家企業的倒閉似成定局。可是如果公司裡的領導人在心態上只抱著機率上的可能（probability），不相信仍有機會完成遠大目標，希望就變得渺茫。

當我們受到勸阻時，自然不會再繼續努力去改變什麼，於是失敗成了自我實現的預言。那家公司的領導階層在心態上重視「努力的可能」（possibility）甚過於「機率上的可能」，最後靠創新起死回生。

如果你不想放棄希望，相信自己可以度過危機，就要設法想出各種解決問題的可能對策。

後天努力 VS 與生俱來的天賦

面對危機時，也許你能在腦袋盤算出各種可能對策，但還是很擔心自己沒有天份來執行這些對策。一般人常把臨危不亂的能力歸功於個人天賦，以為有人就是天生擅長，有人就是天生不會──此乃屬於基因組合的一部分。「天啊，薩姆面對壓力，仍然面不改色，頭腦超冷靜的──她就是這麼厲害。」也許你以為這是某種很特別的領導基因，而你剛好缺少它，只有來自超級星球的人才有與生俱來的領導天賦。但其實擅長危機處理並非天生就會，這是經過一輩子的練習與準備才具有的。

我們看過太多這類例子，經理人的危機領導能力從不怎麼樣變成令人刮目相看，讓人以為是天生的。

卡蘿·威克是史丹福大學在動機、人格和發展方面的研究專家，她寫了一本書《心態：新的成功心理學》（*Mindset: The new psychology of success*），書中說明了固定心態 VS 成長心態之間的區別。在固定心態（fixed mindset）裡，你認定你的能力是天生的，沒有太大提升的空間。在成長心態（growth mindset）裡，你相信你的能力是有彈性的，可以隨著時間和自我努力大幅提升。但如果你相信你的危機應變能力是固定的，是學不來的（一種你要嘛有、要嘛沒有的東西），而你又自覺現在你在這方面的能力不足，就會發現自己老在迴避這類棘手問題，或者笨拙地投入其中，搞砸了問題。

危機當頭時，得靠成長心態才能有效發揮作用，得到所欲

結果。現在有個機會可以讓你學會危機應變的有效技巧。第一步就是培養成長心態。舉例來說，也許你曾因為工作壓力太大；沒有準時參加重要會議；沒有後續追蹤某大客戶；或者在重要的業務文件上犯下愚蠢的錯誤，而和你的直屬長官起了衝突。你回想當初的處置方式，你會對自己說：「我一定要再多練習一下怎麼面對壓力，這件事讓我學到了一些教訓。」還是你會說：「我從來不善於面對壓力，反正我就是這樣」。如果你的想法屬於後者，該是挑戰自我心態，讓自己成長的時候了。

可是成長心態不是你一時興起就能學會的東西，尤其是在很大的壓力下。如果你不能好好練習成長心態，你大腦裡的直覺部位就會取代它。這有點像憤怒情緒高漲時所發生的情緒劫持一樣（請參考第五章）。在壓力下，爬蟲類的大腦部位會劫持你的對策機制。危機當前，往往會刺激出你的「戰或逃反應」（fight-or-flight），這種反應是一種直覺求生反應，專門幫你對付生理上的傷害性威脅。在這個反應下，大腦會認知到某個環境是危險的，於是釋放腎上腺素和去甲腎上腺素，讓你的身體可以產生猛烈的肌肉運動，因此你不是留下來抵抗，就是拔腿逃跑。

當你的事業陷入危機時（也許是大筆預算被砍或組織重整），處於迎戰或逃跑模式的員工往往會先棄一些小地方於不顧，譬如日常例行作業。但是懂得危機應變的經理人，會適時鼓勵員工負起責任，按時開會，做好顧客服務，因為他已經學會如何約束自己的求生情緒反應以及如何因應過大的壓力。這

些經理人對危機的應變方式是，把自己認知到的威脅，詮釋成可以管理的事情，然後利用深呼吸、短暫休息和不帶批判式的觀點切入法等自我冷靜策略來阻絕自己不被邊緣系統劫持。

　　如果你沒有辦法這麼冷靜，改善的方法是，先相信一切都是可能的，確信自己的能力是有彈性的，不是固定的。第二，練習找出你心裡強烈的求生情緒（對你認知到的威脅所產生的過度反應），然後想清楚你對這些情緒的反應是什麼，不要做出任何無意識的反應，才能針對環境選出有效的對策。

個案研究：總經理的最大夢魘

　　珊蒂是一家中型組織的新任總經理，她上任時正逢企業危機四伏的時候。上任不到兩個月，就碰上有員工不滿，與直屬主管公然發生爭執。然後又遇上某執行主管涉及對兩名幕僚言行輕佻的醜聞。同時珊蒂也得忙著處理一項併購案，而這案子恐怕得讓組織結構面臨徹底體檢和大修的命運。

　　這些問題在公司內部造成不小震撼，有幾個人威脅要走，因為他們覺得這裡的企業文化不健全。就在這些人際紛擾中，公司的生意一落千丈。

　　珊蒂被自己的情緒反應嚇得不知所措。一開始，她努力為眼前的問題找出可能對策，但又不確定自己是解決這類問題的適當人選。於是對這些可能一觸即發的問題出現退縮、

逃避、消極等待它們自動消失等行為。但是她的逃避只是使情況更惡化。幕僚認為她缺乏權威和自信，甚至暗示公司文化之所以一蹶不振、生意一落千丈，有部分原因來自於她。

珊蒂擔心她的新角色完全失敗，公司若因這場嚴重的人事風暴而瓦解，她難辭其咎，畢竟這是她接任新職時必須概括承受的問題。珊蒂缺乏自信，這可以理解，不過在經過一些協助和指導，以及練習從不同角度去看待自己、情緒和對策之後，她慢慢找回了控制權。

珊蒂培養出一種以任務為導向的心態：她終於明白問題不在於找誰來責怪，而在於找到可以解決問題的行動方案。她改變思考模式，將眼前情勢視為挑戰，而非威脅，甚至看作是身為領導人的她的一個成長機會，也是這家搖搖欲墜的公司一個改造的機會。於是先把焦點放在可以解決重大問題的行動方案上，譬如從公司文化著手，直搗問題核心；建立開誠布公的論壇，以利她和她的領導團隊溝通；為她的幕僚提供技能訓練，協助他們應變危機，讓他們更融入自己的角色。此外，她本來有強烈的欲望想控制所有無法控制的事情，如今選擇放棄，包括那前半年的財損；幾位投資大戶的出走；還有她的罪惡感，因為她總覺得是自己做得不夠多，未能快速找出問題。

兩年後，這家公司的收益成長兩倍，珊蒂也被公認是產業裡前一百大企業主。

　　我們以後再來探討珊蒂面對危機時所做過的幾件聰明事，現在先把焦點轉移到危機應變的第二個領域：你要如何處理事件過後的餘波。

事後如何處理

　　緊急狀況已經解除，迎戰或逃跑反應也已經消失。雖然這種經驗通常會殘留一些小問題，但情況已經穩定。重要的是，在處理這些棘手問題時，你要能評估它的餘波如何，並進行修補。危機過後的處理，有兩件事很重要：第一，承認危機過程中所經歷到的強烈情緒必須被妥善處理；第二，好好探索這場危機經驗，從中找出它的存在意義。

處理情緒

　　如果你已經度過危機高峰期，現在該來處理情緒了，而且動作要快。你必須及早發現和解決危機期所衍生的情緒效應——處理危機後的危機。

　　自我矛盾這說法看起來好像無法說服你這個論據的優點何在。可是在危機裡，你必須能夠隨時管理各種矛盾和不確定。就譬如你曾為了確保會議室裡協商結果的有效性，或者防堵嚴重的傷害，而刻意忽視眼前看到的人格和人際關係問題，現在卻必須盡快回頭修補，盡力解決相關人士的情緒餘波問題。這一點非常重要。雖然在職場風暴結束後，這些人會告訴你，他

們沒事，但其實他們沒辦法為自己的情緒狀態評估或治療。

　　只要看看越戰和其他戰爭的倖存者罹患創傷後壓力症候群（post-traumatic stress order，簡稱PTSD），卻沒經過適當治療而出現的長期可怕效應，就會明白情緒創傷的壓抑是會在幾分鐘後或頂多幾小時後就開始作用。以近期例子來說，心理健康研究專家約瑟夫‧柏斯卡律諾（Joseph Boscarino）、李察‧亞當斯（Richard Adams）和查爾斯‧費格利（Charles Figley）就證明了二○○一年紐約世貿中心恐怖攻擊事件過後，員工若曾接受過雇主提供的現場危機處理教育，相較於沒接受過任何協助的人，前者普遍受惠許多，包括降低縱酒、酒精依賴、PTSD症狀、重度憂鬱和焦慮的風險。

　　恐怖主義的受害者只算是極端的危機例子，不足以代表經理人在職場上普遍遇到的問題。雖然如此，承認人們的情緒和幫忙處理情緒問題，這個過程還是非常重要。身為經理人的你不可能成為每個人的心理治療師，但可以遵照以下幾點來行事：

- **用同理心來看**。試著設身處地想像他們的感受，傳達你的同理心。
- **公開承認任何人的任何感受都是合理正常的**。危機當前所出現的各種情緒反應都是正常的：任何時候的感受都沒有所謂的對錯可言。
- **輔導人們接受過去的情緒經驗**。這比要他們忘掉過去傷痛更有效。

假如曾有人因危機當頭（包括你自己）而歷經可怕的情緒反應，請協助他們接受專業輔導，無論是內部的員工輔導課程還是外面的專業諮商都可以。

尋求危機過後的意義

過了危機高峰期之後，請和你的團隊一起合作，從危機裡頭追本溯源地找出背後的意義及有利於你成長的契機。通常人們以為一旦熬過危機，就可以將它拋在腦後。結果卻是讓創傷坐大，等到幾個月後或幾年後，突然回想到當年情境，又再度重新經歷創傷。在工作職場裡，如果危機出現的當下，曾發生人際衝突，就像個案研究裡珊蒂的組織那樣，等到危機解除，人際之間的立即張力雖然可能跟著消失，但未來危機再現時，這些懸而未來的衝突又會伺機而起。

要將危機真正拋在腦後，最有效的方法是為這個經驗創造一個正面的聯想意義。這方法不容易，需要一點創意和膽識。可是它能帶給你繼續走下去的力量，讓你更懂得如何有效對付未來危機。你必須先說服自己當初何以發生那種事。譬如：「雖然這事很棘手，但組織重整的目的或許是要我們好好思索如何做好時間管理，才能更有效率。」或者「我們不需要靠真的丟掉三個大客戶才來恍然大悟我們的策略需要徹底改變。所以我相信這個危機對我們來說是個轉機。要不是它，我們恐怕也想不出這些有利成長的創新點子。」

危機過後的反省，難免會令人感到不太舒服，但若要從危

機裡重新出發，而不是後半生永遠逃不出它的魔掌，就得先從
這場不快的經驗裡找出正面意義。

如何做好迎接危機的準備

　　我們稍早前談過努力的可能 VS 機率上的可能。從珊蒂的
個案研究裡可以看出，主動出擊、化可能為行動，絕對好過於
坐以待斃。老是想著負面結果，就會形成猶如高速公路上的看
熱鬧現象，駕駛只顧著看車禍現場，卻忘了專心開車，快速通
過，於是造成大塞車。心無旁騖在自己的目標上，不要去想事
故的造成原因，才不會被塞在裡頭。

找出優先順序：能掌控的事情才掌控

　　在未來危機裡，你必須專注在行動上，但不是什麼行動都
行。危機當前時，要採取最能發揮影響、而且是你最能立即掌
控的行動，而非專注在你無法控制的周遭事件上。對於高績效
客戶，我們都會有一種說法，而這種說法也適用於那些必須在
極大壓力下處理棘手問題的人：失敗可能百分之百，意思是說
就算失敗是必然的也沒關係，只要你把能控制的因素做到最好
就夠了。如果執著在自己無法控制的失敗因素上，只會占據已
經稀少的寶貴資源，而這些資源在危機當前時原本可以投入優
先行動裡。舉例來說，如果快到年底時，你的預算目標嚴重落
後，就沒有必要去追究前三季做過哪些事或沒做過哪些事，因

為那都已經過去了。也沒有必要向團隊抱怨是全球經濟或消費者心態害了你們。當務之急是趕快設想最後這兩個月你和團隊可以採取什麼行動來完成預算目標，譬如追蹤那些已經上門但仍在猶豫的顧客，優先處理報酬高的客戶開發名單，還有到以前沒想到的市場去開發業務。盡可能吸取過去失敗所帶來的教訓，把注意力擺在最重要的目標或優先行動上。

退休將領羅素・荷諾雷（Russel L. Honore）是應變專家，他曾是卡崔娜風災聯合救援任務部隊的指揮官，負責監督卡崔娜颶風和瑞塔颶風過境美國後的救援補給行動。他提醒我們緊急行動優先執行的重要性：「盡快評估出第一優先的要務是什麼……如果第一優先是救人，大家會立刻抓住這個重點，激盪出很多對話和好點子。」

少規畫、多練習

強納森・克拉克（Jonathan Clark）和馬克・哈爾曼（Mark Harman）是危機應變管理專家，他們提醒我們，有效的危機應變管理計畫是建立在兩個明確的原則上：

- 你不可能為每一次可能發生的危機預先訂定計畫。
- 不斷演練對潛在危機的應變反應非常重要。

危機應變管理方面的研究通常會提醒你，利用情境模擬或應變規畫來為危機的可能出現預做準備，才能在危機當前時，做出有效反應。但最近研究顯示，危機規畫和有效的危機應變

管理可能沒有太大關聯，而且從某些例子來看，規畫太細恐怕會阻礙決策的執行，造成行動的僵化，阻礙團隊行事的成效。

　　為工作職場上的可能危機做規畫，這有點像是從沒跑過步的你，坐在舒服的沙發上規畫一場馬拉松一樣。這個規畫或許可以為你建立一點自信（自欺欺人的自信）。但規畫得再好，你的體能都不可能因此變好。如果你沒有設法演練你的危機應變反應，危機規畫只會讓你徹底失敗。規畫是不夠的，有時甚至可能產生不良後果，因為它會癱瘓有效的行動。

　　所以將危機心態和危機應變行為融入例行工作裡，才是比較合理的作法。我們的一個好夥伴，也是全球思想領袖運動（Global Thought Leaders movement）的創辦人，更是專業演說大師馬特‧邱吉（Matt Church）稱這個過程為「熟練的自發行為」（practised spontaneity），也就是透過經常性的練習讓它成為一種有效的行為，需要用到時，就能自發性地行使出來。

　　研究調查顯示，對現代人來說，當眾演說是最令人恐懼的事情。當你站上講台，試圖向滿懷期待的觀眾傳遞令人信服的訊息時，戰或逃反應已經派不上用場。年度大會時，你的執行長所發表的演說有多流暢和多迷人？你看過丑角人物在台上動作俐落地和觀眾互動的場面嗎？如果當事者在這些場合裡有所閃失，就會很丟人。其實這些專業演說家和丑角人物（還有傑出的執行長）只是用盡各種方法和順序不斷練習他們說話的方式和內容，直到能想都不用想地隨時隨地展現他們的練習成果，然後在適當時間一拍不漏地向不同觀眾做出適當回應，但

其實內容都是經過完美的演練。這就是所謂的習慣成自然。

　　回到珊蒂的例子，她下定決心讓自己和團隊培養出隨時能派上用場的技巧，不管是危機還是平常時候。珊蒂對旗下所有員工開誠布公（進而影響他們，也懂得彼此開誠布公）。她在問題還沒坐大時，就先不畏棘手地主動展開對話，然後與幕僚保持暢通的溝通管道，掌握團隊的情緒狀況，才能適時提供輔導和其他資源，降低人際之間正在升高的緊張態勢。學習和練習有效管理的技巧，是珊蒂管理未來可能危機的最好工具。

　　平常時候在行為上就要小心演練，如果你在現狀穩定的時候，不居安思危，把危機管理的技巧演練好，等到情況變得棘手，也別想有什麼出色的表現。

結語

　　雖然你可能做了事前規畫，但危機是一種你不可能有萬全準備的突發狀況。危機和單純的失敗不同，它要求的是臨機應變，你和團隊得設法立即適應當下突發的狀況。真正有效的方法是，無論身處危機與否，都要定期演練本章所傳授的心態與行為。

　　要記住，危機的應變方式或許沒有標準答案，但如果你能按照我們所建議的策略經常演練，你就比百分之九十九的人更懂得如何應變危機。

達倫　的見解

　　我有時候認為危機問題才是我們能學到真正寶貴教訓的地方。當危機發生的那個當下，學員或許覺得難以招架，但危機過後，卻往往能學到最寶貴的一課：前提是你肯反省自己的作為，有勇氣將它們放在顯微鏡底下檢視。

　　自我診斷，自我詰問。重新思索你該有的改變。這種學習方法可以驅動你未來的行為，幫助你達陣成功。如果當下情況與你當初規畫的不同，別苛責自己。危機的應變管理很少照著自己的劇本走，但你還是必須不斷練習自己的台詞，以便下次登場使用。

艾莉森　的見解

　　面對壓力時，領導人的下一步決策往往過於倉促，但工作上的決策其實不用立刻決定。我經常建議執行長級的領導人：創造決策缺口（decision gap）。換言之，在蒐集資訊和做出下一步決策這兩個時間點之間留下一個缺口。這缺口可能只有五分鐘，可能半小時，或甚至一兩天。趁這段時間退後一步，也許可以刺激你想出更有效的對策。

　　在混亂的空檔稍事喘息，才能在下決定之前先創造一個轉

寰的空間，在風暴裡頭保持冷靜，確定自己做的決定對現有環境來說是最好的對策。這才是偉大領導人的品質保證。

西恩 的見解

　　我曾和許多專業運動員共事，所以經常被問到：「在壓力下如何能有更好的表現？」大家都在尋找那顆可以讓自己無往不利的神奇子彈。我的建議是，你必須設法開發自己。

　　要擅長危機的應變管理，最好的方法是多練習心態的變通，讓它成為一種習慣。你要習慣以變通的角度去看待決策的結果、失敗和能力。首先，以變通的角度去想任何結果的呈現其實都只是一種衡量方法，可以讓你知道危機出現的那個當下，你現有的技術與知識是否堪用，所以仍有改進的空間——絕非是在衡量沒有改進空間的能力。第二，以變通的角度去想失敗猶如一種反饋，你可以利用這個教訓來改善未來的應變方式，它絕不是用來證明你不夠好，應該被放棄。

　　繼續想像各種可能，繼續採取行動，套句英國戰時首相邱吉爾的話：「絕對、絕對、絕對、絕對不要放棄。」

本章摘要

- 危機代表一種特別類型的棘手問題，多半有突如其來、難以預料、威脅到重要目標或需要改變等特性。

- 妥善管理你的危機應變處理方式。

- 不要只看機率上的可能，而是盡可能地去努力，定期操練自己的成長心態。

- 危機的應變力不是與生俱來，而是終其一生的準備與練習。

- 研擬策略，做好危機事後的處理。

- 把你的精力花在可以解決問題的行動方案上，不要針對人格或執著在不可控制的後果上。

- 承認一旦危機的高峰期過後，思想上和情緒上可能連帶受到傷害，所以必須設法解決這些傷害。

- 當你回顧曾經發生的危機，請賦予它正面意義，從中找到有利成長的契機。

- 做好準備，隨時準備迎接未來的危機。

- 坦然接受可能的失敗，但若是自己能控制的事情，請盡你所能地做到最好。

第十章

當問題像繁星一樣多時

優先處理重要且擅長的事情

快樂和強度無關，而是和平衡、秩序、節奏和協調有關。

——靈性和社會正義作家湯瑪斯‧莫頓（Thomas Merton）

就在我們進入本書最後一章的時候，你可能已經開始反省這場旅程。旅程中，你曾探索和重新架構各種棘手問題的處理方法，加以鞏固。為了順利展開棘手對話，你做出必要改變，而這種改變需要先接受一定程度的訓練和肩負起一定的責任義務，才能達到你要的成果。

想想看當你精神體能狀況最好的時候，你有二十個任務在手上，但全在你的掌控中，算不上什麼挑戰。著名的心理學和管理學教授米哈里‧齊克森米哈里（Mihaly Csikszentmihalyi）稱這種經驗為「游刃有餘」。若是有人想拍一張這種畫面的照片，你想那會是什麼樣的影像？

現在再花點時間想想當你精神體能狀況最不好的時候，可

能連一點小事都讓你覺得精力耗盡，沒有一件事順你的心，不是鑰匙鎖在車裡，就是趕著回公司，卻把錢包忘在咖啡館。這張照片和另一張照片比起來有什麼差別？

現在想想看，在這兩種不同的精神體能狀況下，你的棘手問題處理能力是不是差很多？精神體能狀況好的時候，你冷靜、理性、頭腦清楚，處理棘手對話的能力遠遠超過精神體能狀況不好的時候。在處理這些對話時，我們的精神體能狀況對最後的對話結果、對話的成功與否，以及本書建議策略的實踐能力有很大影響。

你有無能力處理棘手對話以及在必要時展開關鍵對話，這和你擅不擅長處理壓力有直接關係。而這部分涉及到你必須懂得為自己著想，清楚自己的極限何在，勇於大聲說：「我受夠了，我需要恢復體力和元氣，才能處理下一件事。」意思是你知道怎麼優先處理你生活中最重要的事情，讓自己有足夠體力去解決棘手的對話。

腦袋不見得比身體強壯

感覺自己一再被迫賣力工作，苦無機會恢復元氣，這種情況無法持久，到了一定時候，你的身體就會介入，要求你停止。我們都很清楚自己只是凡人，必須承認我們的情緒和生理都有極限。有時候承認自己的體力有限是很困難的。但你若想保持在最佳精神體能狀況下，這就是你應該做的事。而這涉及

到心態的改變。

　　舉例來說，在運動場上，很多運動員都相信「多才是好」。但到了一個極限，身體會告訴你，多不見得好，它會關門大吉，傳遞疲勞和提不起勁兒的訊息給你，保護你免於受到嚴重傷害和疾病之苦。如果你不注意身體的警訊，長期下來，你的表現、體能和健康都會受到波及。永續發展（sustainability）的概念不僅對地球來說很重要，對人類也一樣。

　　完美主義者會覺得難以理解，他們會說：「你意思是我不用再多努力一點，做出更完美的計畫，達成更完美的目標？」承認自己的極限和脆弱是需要很大勇氣，卻是保有自身健康和按步就班完成個人和專業目標的最好辦法。

要承受多少壓力才算夠了

　　多年來壓力一直受到責難，似乎是一種應該極力避開的東西。但事實上，我們都需要某種程度的壓力來保持前進的動力，展開行動，達成目標。最能帶給我們壓力，迫使我們採取行動的，莫過於正在逼近的期限。我們的工作因為有挑戰而有了一個目標。如果沒有挑戰，工作很容易完成，就沒有理由逼迫自己超越自我極限，我們也就不可能知道原來我們很有能力。

　　至於要承受多少壓力才算夠？答案在於臨界點上。圖10-1所繪的績效激勵曲線（the performance-arousal curve）顯示出，我們都需要激勵、體力和某種程度的壓力，才能有頂尖的績效

圖10-1：績效激勵曲線的頂尖績效區

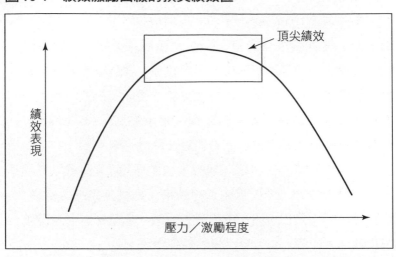

表現。曲線頂端代表我們的作業游刃有餘，這時候壓力和我們的應付能力之間剛好是平衡對等的。而臨界點就出現在績效表現開始下降，壓力開始超過我們所需程度的時候。我們會變得不在乎一些小事，對工作不再能全面掌控。然後隨著壓力的持續增加，績效表現不斷下滑，直到我們開始怒聲罵人，丟三落四。（把牛奶放進烤箱冷藏，就是在警告你已經達到極限。）

　　多少壓力才叫夠了，這其實因人而異。有人的壓力門檻比較高，彷彿壓力越大，工作表現越突出。另一方面來說，有人連每周準時參加團隊會議都覺得手足無措，倍感壓力。我們能夠承受的壓力程度通常和環境有關，意思是這得看在我們的生活裡還有哪些其他壓力。一個通常可以面對很大壓力的人，如

果同時也在照顧生病的父親或母親、忙著扮演親子教養的角色、同時又得擔心工作上懸而未決的組織重整問題，可能就會削弱壓力的承受度。

　　知道自己的臨界點何在是很重要的——你要能夠知道自己何時需要增強壓力，何時需要疏解壓力。如果正處於曲線上方，這時若想要有頂尖的績效，所用的策略必然不同於處於曲線下方時的策略。

精英運動場上的經驗談

　　西恩・李察森曾調查過何以精英運動員儘管都懂壓力源和身心復元的道理，知道如何做出更好的決策，卻還是認定自己可以超越顛峰，超越過去的極限，結果在追求更大目標的路上栽了跟斗。

　　其中一個例子是，有個運動員在專業運動項目是世界頂尖的佼佼者——曾榮獲三次世界冠軍；有六年以上的時間都是全球排名前三名，更是下屆奧林匹克運動會最被看好的金牌得主。他很想在自己家鄉舉辦的奧林匹克運動會上封金成王，這個欲望強烈地鞭策他，於是試圖超越自己的極限，結果過度訓練，反而生病、受傷，最後無緣參加奧林匹克運動會，以致於罹患長期憂鬱症，只能從運動場上引退。不承認凡人有極限，這代價是很大的。

　　說到如何管理最寶貴的資產——你自己——就得再好好想想人類行為的 ABC 模式。看看是什麼前因事件刺激你去做出

有害自身健康和和幸福的決策，尤其當壓力上身，想要達成更大目標時。

此外，我們也需要重新看待身心復元這個元素，才能在工作上有顛峰表現，就像在運動場上一樣。因此你要給自己暫時休息的時間。你必須承認心理、社會、情緒和生理上的復元，對工作來說就像我們所投入的時間和精力一樣重要。如果你想隨時拿出最好表現，就不要忽略壓力和復原之間的平衡（高績效表現的陰陽平衡）。

但問題就在於工作過量是受到鼓勵的，於是疲勞成了地位的象徵。感覺上我們從來不會真的去抱怨什麼，除非忙到蠟燭兩頭燒。社會對工作過量的認同非常有問題，原因有兩方面：

- 疲勞無助於問題的解決和創新。
- 人們只是工作積極，但不具生產力。

長期永續的績效表現要求的是一套平衡的辦法。就算不能每天，也需要每周固定補充自己的能量庫。對領導人來說，你必須為人表率，你要敢放膽說：「我的體力是有極限的，」或者「我現在沒辦法做，」抑或單純地說：「我不知道，所以我不會去推動。」

研究提醒我們，沒有人對重大的個人挫敗有免疫的權利。最近的研究顯示，西方世界裡有百分之二十的人整年遭遇沮喪或焦慮，而這數字可能還只是低估而已。想想看你工作上周遭的人，每十人裡頭就有兩個人被重大的個人情緒危機所困：你

準備好要面對他們了嗎？你該如何和工作職場上的人談論敏感話題？你要如何在提供援助的同時，不讓自己淪為他們的心理治療師？你要如何管理自己的情緒超載問題？

收放之間

有時候我們必須奮力一博，不安於現狀；也有些時候，我們必須專心充電。兩者都不能過與不及，才不會有礙你的績效表現。為了維持顛峰狀態，你必須知道何時該發揮能量，何時該釋出壓力。

增加壓力

有時候在舒適區裡待久了，的確會降低生產力。因此為了提升生產力、效率和成效，你必須增加壓力，才能進入最佳表現區。這樣一來，才能發揮潛能，挑戰自我。

- 定期尋求非舒適區。待在舒適區裡超過一個禮拜，就該自我施壓了（重新複習第一章的弱勢單元，看看裡頭的一些訣竅。）
- 自我設定挑戰的目標。（如果你的老闆要求五天內完成工作，你可以要求自己提早完成。）
- 創造一個和別人友好競爭的環境，而且必須對彼此負責。
- 多接幾個專案計畫，或多扮演幾個角色。

- 研擬出新的工作系統或方法。

想想看還有哪些事情可視為挑戰，提高你的能量，全力完成它們。

釋出壓力、恢復元氣

有時候壓力過大的意思是，我們的精神體能狀況負荷不了最佳的表現，要是能夠釋放壓力，對我們會比較好。

最近的人類生理學告訴我們，要補充能量，光靠睡眠和營養是不夠的，尤其如果生活裡已經有多重的壓力源──包括精神上、生理上、情緒上、社交上和情勢上。你的復原活動（任何能重新注入能量的活動）必須能因應你正在經歷的壓力源（任何剝奪能量的活動）。以下是幾個例子：

- 如果主要的壓力源是生理上的（譬如缺乏睡眠或奔波旅行），那就要在生理上做適當的復原。試著多睡一點，吃得營養一點，或者找按摩師或物理治療師來幫忙復原身體，或者做一點輕量級的運動，譬如散步或騎腳踏車。
- 如果壓力源是情緒上的（因工作或私下生活裡的因素所造成的焦慮問題），就要在情緒上做適當的復原。試試看冥想；找願意幫助你的朋友或同事聊一聊；或者接受諮詢或心理療法。
- 要是壓力源屬於社交因素（在工作職場上或私人生活裡有人際互動上的問題），那就在社交上做適當的復原。可以

考慮參加社交之夜（但酒不要喝太多）、看電影、外出用餐、放鬆心情、找人聊天玩笑，或者做點有趣的輕量級體能活動。

- 要是壓力源屬於精神上或認知上的（譬如你全心投入某專案計畫，於是經常得在很大壓力下做出決策），那就在精神上做適當的復原。冥想、稍事休息、允許自己暫時放下擔子、從事有趣的精神活動（讀點閒書，從事能放鬆心情的輕量級體能運動），這些都很有效。

了解你在某特定時間內的生理、情緒和社交狀況，並視情況運用適當策略。反問自己若要保持個人最佳的精神體能狀態，需要多一點什麼和少一點什麼。

其他解壓妙方

除了稍早提到的策略之外，還有其他妙方可以幫助你釋放壓力和補充能量，有效解決棘手問題。

- 創造決策缺口。我們往往覺得工作上的決策必須當機立斷。但其實我們可以在資訊吸收和決策做成之間預留一個空間。這個空間也許只有五分鐘、一小時或一整天。時間的長短不重要，重要的是你必須知道大部分決策是不需要當機立斷的。
- 重新認識你自認重要的事。如果我們的價值觀夠清楚，決策就會容易多了。此外，我們的價值觀會帶給我們工作的

動機和意義。

- 在工作職場上找到與你志趣相投的一份工作和一群人,才能適時抒發心情,幫忙拓展視野。

想想看還有哪些對你來說有效的方法。

任何時候,都必須清楚自己在績效激勵曲線上的位置,才知道該從事什麼因應性活動來幫助自己。經常這麼做,才有辦法應付和處理隨時出現的棘手問題。

隨時慶祝進展

通常我們的專案計畫都是一個接一個,改變也是一個接一個,棘手對話更是一個接一個,完全沒有時間停下來確認自己的進展。Celebrate(慶祝)這個英文字來自於拉丁文celebrate,意思是「集合起來予以榮耀」。不管是在工作職場上還是在家裡,我們往往忽略了這些里程碑。花點時間榮耀我們的進展,無須大肆宣揚,只是小憩一下,回首一路來的歷程,看看自己成就了什麼,這就夠了。集合你的團隊和周遭對這成就有所貢獻的人,對他們說出你的感謝,這一點很重要。

你是自己最好的夥伴

我們可以選擇要跟誰一起分享我們的一天和我們的寶貴時

間。一般來說，在我們的生命裡會出現兩種人：其中一種人會澆熄我們的熱情，另一種人會點燃我們的熱情。滅火者會很快澆熄你的熱情火燄，因為他們對成功的可能抱著悲觀的態度。但生命中的點火者卻會激勵你。你很清楚這些人是誰。有人只會牢騷滿腹，令你想敬而遠之；但也有人會讓你迫不及待地想追上他們。前者剝削你的資源，後者為你注入能量和各種可能。生命太短，不要像其他人一樣自我設限。

體能運動可以幫忙健身，持續的智能運動則可以幫忙啟發我們的靈感，鍛鍊創意的肌肉。你可以運動大腦，和全球各地的領導專家打交道，方法是：

- 閱讀前十大商業書籍和報章雜誌上的文章。
- 上www.ted.com網站，觀賞TED talk的精采演說內容，其中有許多觀念很值得推廣（譯註：TED talk會邀請各領域傑出人士分享他們的想法，演說內容被放上網路，供眾人點閱觀賞。T代表technology，E代表entertainment，D代表design）。其中肯恩·羅賓森（Ken Robinson）針對創意所做的那段演說，還有班傑明·山德爾（Benjamin Zander）在提到發亮的眼睛的那段談話，都是很好的起點。
- 關掉電視專心和生命中的點火者展開激勵人心的對話。
- 和其他思想先進的人建立關係。

聰明選擇自己的夥伴，你會發現原來平凡人也可以完成不平凡的事。從啟發和探索的角度展開關鍵對話，這對棘手問題

的解決很有幫助，因為它能從新的角度和觀點去切入眼前的問題。

勇氣的培養

在我們的工作生涯裡，都有過被部分工作磨到垂頭喪志的時候；但也有些時候，同樣的問題卻能改變我們對這份工作的看法。被卡在同樣問題點上的人，有人成天戰戰兢兢地做著這份令人厭惡的工作，有人則把這經驗當成轉機，兩者態度明顯不同。究竟這問題會讓你卡在原地還是繼續前進，中間的差別就在你有沒有足夠的勇氣。

勇氣是促使我們從無為到有為的催化劑。

從經濟學的角度來看，能打敗競爭對手、脫穎而出的企業、組織或團隊，多半是因為做出了大膽的決策。領導人不分行業，幾乎都很少選擇阻力最小的道路。通常我們會猶豫不決地抱著疑慮的心情來慎重考量我們的可能行動，但不應該拿它來當無所作為的理由。

工作職場上的勇氣鮮少拿來因應緊急事件。想要妥善運用它，得經過規畫，還要抓對時機和講究邏輯才行。工作上所參與的大膽行動，大多是深思熟慮下的決策結果，曾經過完整的規畫和看準時機才下手。想想看，在工作上有什麼地方可以讓你小心地施展膽識。也許你可以用你的膽識去：

- 處理難以相處的行為。
- 解決衝突。
- 找出自己的錯誤。
- 向長官表達你的看法。
- 做出決策。
- 處置不良的績效表現。
- 以德報怨那些對你不好的人，不過這和本章主題——決定事情的優先順序——好像沒什麼關係。

在你承認有勇有謀這種事很花時間和心力之前，先別忘了一件事：你的一生可能只是因為你鼓起勇氣幾秒鐘，就被徹底改變了。

做你擅長的事，剩下的就交給別人

在全球各地針對人性和人類行為進行研究的蓋洛普組織（the Gallup organization）曾在不同國家展開調查，訪問成功的領導人，試圖找出偉大領導人的共同特質。結果發現，在各行各業領導人當中，只有一個共通點：他們都會在工作上發揮自我所長——他們從事的工作都是自己最擅長的，至於其他就交給別人辦。

這聽起來很簡單，但仔細想一想，領導人敢公開透明地說出自己不擅長的事，承認有部分工作最好留給別人去辦，這需

要多大的勇氣啊。大家都以為我們的領導人應該什麼都會，但這些謙虛又實在的領導人卻坦然承認他們並非什麼都懂，不過他們會訂定策略，組織團隊來填補這些缺口。

想要成為優質的領導人，便得發揮所長，清楚知道自己擅長什麼，設法讓自己負責這類工作。但這意思不是說，你不擅長的事情，通通不用做。而是希望你不要什麼事都一把抓，盡量多發揮自己的所長。

養成好習慣

今日的習慣可能成為明日的成就。你今日的決定和行動將打造出你的未來。舉例來說，如果你訂好目標要跑馬拉松，就需要先養成跑步的習慣。不管做什麼，只要持之以恆，都會有好的成果。

你今天有什麼習慣可供我們預測你的未來？你已經準備就緒，隨時可以上陣解決臨時出現的任何棘手問題了嗎？你正在練習本書的策略嗎？如果不太順手或出了點岔，請重新確定下一步是什麼，堅持下去，不要輕言放棄。要是你有一個禮拜沒練習跑步，與其放棄馬拉松訓練計畫，倒不如下周確實執行跑步訓練。藉助以下方法強化你的好習慣：

- 你的選擇一定要有理由。
- 清楚你的方法是什麼——我要怎麼做？

- 起而行——我今天能做什麼？

藉助這三種練習所創造出來的習慣，將可用來預測明日的成功。

結語

自我啟發和激勵是很棒的方法，但如果沒有管道供它們發揮，就會消失作用。為了確實實踐書中的建議，請記住一點：事情要做得長久，就得一步一步來，而且要有目的和謹慎的行動方法。

當你排好事情的優先順序，邁步向前時，請務定確定你知道自己的極限何在。

....

達倫　的見解

....

在我這一生中，曾出現極具破壞、自我削弱，甚至危及生命的行為模式，還好我克服了它們。雖然那張令我悔不當初的名單很長，但我學會了與它們和平共處。我相信我現在的成功全歸功於自己能坦然接受過去的錯誤。

在這條坎坷的路上，我學會擁抱自己的弱點，不再自我設限。但那是一個很丟臉又很艱難的過程。身為個人和領導人的

我們，必須學會接受眼前事實，找出最妥當的下一步，無須草擬五年計畫。

艾莉森 的見解

　　人類對於困境和不確定的事情擁有很高的耐受力。舉例來說，統計數字顯示，從戰場上解甲歸鄉的軍人有百分之二十患有創傷後壓力症候群。我很驚訝這數字並不高。另外百分之八十的軍人所經歷的創傷其實也一樣可怕，但他們就是有能力去應付和處理這類經驗，讓自己毫髮無傷。

　　其實這中間的差別就在於適應能力，以及對事情輕重緩急的辨別能力。雖然工作職場和戰場的相似度不大，但都一樣需要具備面對生活壓力的處理能力。想要有能耐處理未來的棘手問題，不會因棘手問題的出現就倍感壓力和身心俱疲，靠的就是它。

西恩 的見解

　　過度擔心別人對你的看法，往往會阻礙你做出對的決定。為了不想讓別人覺得我們太軟弱，我們多半選擇默默承受痛苦，不願為自己據理力爭。我們學會了把自負需求（我們想要

看起來很有本事）置於生理需求之上。

　　靠心態的轉換來同時滿足你對自負的需求和生理的需求，學會相信身心復原的好處。勇於承認自己的平凡，有缺點也有脆弱，但也會盡其所能地讓自己的身心靈回復平衡。願意對外求助，尋找心靈導師或專業的精神治療師，與好朋友懇談，找到方法改變自己的營養補充方式，學會各種照顧自己的方法。

本章摘要

- 當我們處於最佳的精神體能狀況時，就更有能力處理棘手問題。不要拒絕任何有助你保持最佳狀態的方法。
- 抓住平衡點。想要有顛峰表現，有時得施加壓力，有時得釋放壓力。兩者都有方法可循。
- 培養勇氣。
- 創造良好習慣，才有明日的成就。先將策略方法付諸實行，才能做好充分準備面對棘手問題。
- 做你擅長的事，其他交給別人辦。
- 與其被淹沒在一堆你必須做或應該做的事裡頭，倒不如自己決定要做什麼。你擅長做的下一件事情是什麼？
- 多多運動你最厲害的肌肉——大腦。
- 讓點火者圍繞在你身邊，少跟滅火者在一起。

結語

如果你的行動可以激勵別人有更大的夢想、更多的學習、更好的成就、成為更有用的人，你就稱得上是一名領導人。

——美國前任總統約翰・亞當斯（John Quiny Adams）

　　我們誠摯感謝你花時間閱讀我們提供的素材，學習如何輕鬆解決棘手問題。我們由衷相信，只要你將我們所探索的概念付諸實行，必能在你面臨到棘手對話時有更好的斬獲。

　　我們都知道避開棘手對話並不能解決問題，更何況逃避只會使問題更惡化。人們逃避棘手問題的理由之一是，他們擔心會令對方心煩，或者擔心被對方的反應弄得心煩。不幸的是，這種逃避方式無助雙方建立關係或了解彼此。

　　想當優秀的領導人，就得挺身站出來，處理那些沒有說出口的話，尋找行動的方法。但在行動過程中，不要忘了最重要的事，不是行動的成果或結果，而是站在你面前的那個人。

老媽又說對了

　　記不記得你生命中最有力的強化劑往往來自於老媽的智慧

雋語？「**你很特別，你獨一無二，你是全天下最棒的小女孩／小男孩。**」短短一句話，讓你受用無窮，不是嗎？

　　看來老媽的智慧雋語確實厲害，一次就把未來學家、預言家、教授的話全包了下來。在今天這個選擇多到爆炸的世界裡，成功多半來自於小眾市場的建立或你的與眾不同。在處理工作上的棘手問題時，我們也可以選擇用感恩的方式。在你領導或管理下的這群人，他們之間的差異應該被視為一種天賜好禮，而非煩人之事。因為真正不同凡響的成就都是來自於這些差異。

　　可是我們經常拒絕不同凡響於門外，寧願墨守成規和平庸。我們喜歡做其他人、其他團隊、部門、企業或甚至競爭者也同樣在做的事。這種心態會影響我們的領導方式——同一套方法管理每一個人，但其實每個人都獨一無二。為了方便管理，我們連走路、說話、思考和行動都一模一樣。這方法雖然比較安全，但成果平庸。

　　組織裡的墨守成規不只發生在個人身上，也發生在團隊身上。然而在大型組織裡，成功的團隊不會什麼都學別人——他們獨一無二，而且很欣賞自己的獨特性。

　　想想看，你從來沒聽過人家說：「ABC組織裡的人資團隊素來有名：他們就和其他人一模一樣。」反而聽到的都是：「他們太厲害了，他們的作法完全不同。」

　　在這一刻，全球最有影響力的作家、部落客看到的都是老媽媽多年前就看到的特質：「獨特性才是王道」，而且是當今

很珍貴的一種特質,因為現在的市場比以前更需要專家。

在工作職場上處理棘手問題,有一點很重要,那就是你要承認且慶幸每一個問題的獨特性,而且要相信一件事,那就是眼前每一個人都是獨一無二的個體,不能被一視同仁地對待,需要適性溝通。

你是什麼樣的老闆或同事?

在今天這個時代,快樂似乎是個廣受歡迎的商品。有越來越多的組織開始明白員工要的不只是薪水。他們希望受到鼓勵,希望成為公司有價值的資產,希望得到尊重。

冒險家兼演說家丹恩‧布宜特納(Dan Buettner)的著作《茁壯》(*Strive*)探索了世界各地的幸福快樂元素,結果發現很多工作職場還有很多人都已經找到了結合工作與快樂的秘訣,此秘訣不只能確保他們生存下去,甚至保證未來的茁壯。

布宜特納提到某蓋洛普健康調查報告(Gallup-Healthways poll)證明,工作職場滿意度的最大決定因素是:有個好老闆。

布宜特納列出了成功老闆的特質清單,令我們驚訝的是,有能力掌握最大客戶、能為團隊擬定最佳策略,或是總是能達成預算目標,這些都不在特質清單內,反而都和擅長人際關係技巧有關,譬如具有親和力、經常提供反饋、規定清楚、願意傾聽別人、受人尊重。我們相信同樣的特質清單對同僚情誼的建立和客戶關係的維繫也很有幫助。如果你決定讓自己有親和

力、真心傾聽、建立信賴感，你的客戶就會不斷上門。任何受到客戶青睞的生意，必能興旺茁壯。

所以你今天去上班的時候，無論是管理屬下、與同事合作，抑或和客戶打關係，都可以嘗試以下幾件事：

- **讓別人的日子更美好**。感謝別人的主動、感謝別人深謀遠慮、工作認真和他們所帶來的歡樂。讚美和感謝是最好的強化劑。
- **表現親和力**。離開你的電話、電腦以及任何會令你分心的東西，騰出時間和眼前的部屬討論棘手的問題和挑戰。
- **別擋路**。一旦訂好清楚的期望值，就別擋路，讓他們發揮所長。如果你直接和客戶合作，這表示你不該用自己的議程左右一切，應該聽聽他們的想法。

身教言教

想要能夠處理棘手問題，就得身體力行你希望在別人身上看見的行為。團隊成員在行為上往往會投射出領導人的行為，尤其表現在對棘手問題的處理上。你想在別人身上看見什麼，就要有勇氣先改變自己。如果你希望你團隊裡的人走出來，在工作上更自動自發一點，你就要身體力行，當他們的模範。

你的所行對他人的影響更甚過於你的所言。言行合一才能令別人師法效尤。避免釋出混亂的訊息。譬如要求別人準時交

報告，自己卻常常拖到很晚才送出資料。記住你的言行一定要一致。

　　說到棘手問題的解決，請拿一面鏡子照照自己，請確定自己也在示範你希望從別人身上看到的行為。

　　解決掉棘手問題可以為良好的關係、創新的策略和理想的追求，提供紮實的基礎。這些都值得追求，才能建立起更好的人際關係經濟體（relationship economies）（誠如第十章所討論）。在這個快速變遷的時代裡，有另一種重要的經濟需要我們深入探索，它不只能強化我們的關係，也能處理棘手問題。

自信經濟

　　這幾年來，這個世界已經明白在工作職場上，唯一不變的就是不斷改變。我們都曾有過裁編、擴編、組織重整、分權、多元技能化（multiskilling）、專業化和合併的經驗。然而在商業世界裡，目前的變化非常大。金融、商業和房屋市場充斥著各種不確定因素，就連我們的對話也滲進了很多不確定性。

　　所以要如何在這個充滿不確定和快速變遷的新環境裡找到方向？事實上，在不確定的年代裡，人們最想買到的是自信。在不確定的市場裡，自信是人們交易的貨幣。所以現在的你不僅要做自己擅長的工作，更要精通到自然而然地散發出自信。讓你所做的每一件事情都能滲出這種新發現到的自信。

　　花點時間和精力販售自信，除了可透過你的訊息和專業之

外，也可以透過你的流程、產品和材料的品質。在和顧客互動和交手時，務必要用心、要有自信。在和你的團隊及工作夥伴溝通時，訊息千萬不要是「我們一定熬得過去」，而是「我們一定會勝出」。在混亂的年代裡不管是做生意、提案、和顧客、與員工互動或交手，我們都要有自信。若想將這種自信從己身行動擴及到其他人的行動上，關鍵就在於正面強化。

在別人身上運用正面強化手段，這相當於洗腦作用。在工作職場上向對方說謝謝或者出聲鼓勵那些你想從別人身上看見的行為，這些都能強化對方大腦裡的神經通路。神經通路是很複雜的連結網絡，它們會不斷進化、成長，與其他神經通路交織、連結、切斷，形成像樹根一樣盤結叢生的龐大網路。組織訓練專家大衛・洛克（David Rock）在他的著作《安靜領導》（*Quiet Leadership*）裡提到，聽見正面強化的鼓勵聲音，大腦就會知道哪些連結該維護、哪些該強化、哪些該修剪。哪些神經通路會在我們的大腦裡長大？變得更強韌？又有哪些神經通路會消失？決定因素就在於我們對這些連結的注意程度和注意方式。他還說：「事實上，神經元需要靠某種形式的正面反饋來創造長期的連結。如果我們想幫助別人改善工作表現，就需要提供更多的正面反饋。」

你也許聽過這種說法：「我們是被我們的重複行為造就出來的。」這句話也可以改成：「我們是被重複強化和鼓勵的行為造就出來的。」每個人之所以獨一無二，原因就在於，可以強化某人的東西，不見得能強化另一個人。所以唯有在工作上

去了解每一個人以及他們所需的強化劑，才能幫助你們之間的互動更有成效。

值得高興的事

我們在工作上管理部屬時，經常專注在棘手問題上，反倒忘了一些值得高興的事。但問題是，如果只把注意力放在負面行為上，你可能會打造出一個表現平庸的團隊。

要別人有卓越的表現，得先讓他們聽見你對他們平日表現的讚賞：因為行為需要被強化。最棒的事就是：當你用感謝獎勵對方時，也等於獎勵了自己。

如果你發現棘手問題和值得高興的事兩者比例失衡，嚴重偏向前者，最好先要求自己連續七天，或者一個月內每周兩次，獎勵其中一個成員，提供對方強化劑。記住要達到最好的效果，強化劑給的時機和大小不可以一成不變（不要讓它們變得可以預測），才會看見生產力的改變。

這是我們在書中最早釋出的一個訊息（強調長處，認定所有人都很棒），它其實就像一道處方，甚至是一門必修課。雖然書中提供很多工具，但永遠不要忘了一件事：我們是很奇妙的生物，每個人都是。完美就存在於我們的不完美當中。

請好好享受這套新方法所帶來的新成果吧！

國家圖書館出版品預行編目資料

用關鍵對話終結棘手問題：好主管必須具備的能耐，行為科學家和心理學家給你的10個思考檢查點／達倫‧希爾（Darren Hill），艾莉森‧希爾（Alison Hill），西恩‧李察森（Sean Richardson）著；高子梅譯. ── 一版. ── 臺北市：臉譜，城邦文化出版；家庭傳媒城邦分公司發行, 2013.10
面；　公分. ──（企畫叢書；FP2256）
譯自：Dealing with the tough stuff : how to achieve results from crucial conversations
ISBN 978-986-235-284-7（平裝）

1. 組織傳播　2. 人事管理

494.2　　　　　　　　　　　　　102018255